澜沧江鱼类图册

刘明典　朱峰跃　刘绍平　陈大庆　段辛斌　编著

中国农业出版社

北　京

图书在版编目（CIP）数据

澜沧江鱼类图册 / 刘明典等编著. —北京：中国
农业出版社，2022.9
　ISBN 978-7-109-29571-1

　Ⅰ.①澜…　Ⅱ.①刘…　Ⅲ.①澜沧江－鱼类－图集
Ⅳ.①Q959.4-64

中国版本图书馆CIP数据核字（2022）第106327号

中国农业出版社出版
地址：北京市朝阳区麦子店街18号楼
邮编：100125
责任编辑：吴洪钟　　文字编辑：林维潘
版式设计：王　晨　　责任校对：吴丽婷
印刷：中农印务有限公司
版次：2022年9月第1版
印次：2022年9月北京第1次印刷
发行：新华书店北京发行所
开本：787mm×1092mm　1/16
印张：5.75
字数：160千字
定价：63.00元

前言

FOREWORD

澜沧江是著名的国际河流，发源于青海，先后流经中国境内的青海、西藏和云南，出中国国境后被称为湄公河，流经缅甸、老挝、泰国、柬埔寨和越南五国，最后于越南胡志明市流入南海。澜沧江干流全长约4909km，其中中国境内长2021km，流域总面积约81万km²，年径流量达到4750亿m³。澜沧江地势北高南低，源头和下游较宽阔，中上游狭窄，地形起伏剧烈、复杂多变，汇聚了高山草甸、峡谷激流、热带雨林等多种自然景观。澜沧江流域位于亚热带季风区的中心，多样性的气候和复杂的地理环境使得澜沧江-湄公河流域成为全球生物多样性最丰富的地区之一，拥有北半球绝大多数类型的生物群落和除沙漠与海洋外的各类生态系统，独特的流域生境孕育了丰富的鱼类生物资源。由于澜沧江特有的高原河流属性，其中上游不同干支流间鱼类多样性变化明显，区系组成差异显著。

随着近年来国内和国际上对澜沧江-湄公河生态保护关注力度逐渐增加，澜沧江的鱼类资源已经成为当下国内和国际多家科研院所、机构调查研究的热点领域之一。为了使读者能够进一步了解和认识澜沧江的主要鱼类，本书收录了作者在澜沧江鱼类资源调查期间记录的70种土著鱼类和11种外来鱼类，主要从鱼类命名、图片、别名、个体大小、分类地位、主要分类特征、生态习性、资源、濒危等级和分布等方面对澜沧江流域鱼类进行介绍。本书可为广大读者提供澜沧江水域鱼类的相关知识，也可作为院校及相关研究单位的工具书使用。由于编者精力和能力有限，本书难免存在不足之处，恳请广大读者批评、指正。

目录

C O N T E N T S

一、土著鱼类

① 玫瑰鲌 *Danio roseus* (Fang & Kottelat, 2000)

别名：无。

个体大小：体长10 ~ 76mm，体重0.7 ~ 8.9g。

分类地位：鲤形目Cypriniformes、鲤科Cyprinidae、鲌亚科Danioninae。

主要分类特征：体延长，侧扁。背部和腹部浅弧形。头中等大，头长小于体高，头背平直，吻圆钝。鼻孔离眼较离吻端为近。眼侧上位，偏于头前部。口次上位，下颌略短于上颌。背鳍短，无硬刺，起点距尾鳍基等于或略小于距眼后缘。鳞片中等大，腹鳍基具1片腋鳞。

生态习性：生活环境为山间溪沟或田野水渠。

资源：数量多，较常见。

濒危等级：无危。

分布：分布于澜沧江下游干支流。

② 金线鲃 *Danio chrysotaeniatus* Chu, 1981

别名：无。

个体大小：全长 53 ~ 71mm，体长 40 ~ 57mm。

分类地位：鲤形目 Cypriniformes、鲤科 Cyprinidae、鲃亚科 Danioninae。

主要分类特征：体长，侧扁。背缘和腹缘弧度相当。头中等大小，头长小于体高。眼侧上位。吻圆钝，前端中央后凹。口次上位。口裂下斜。背鳍短，无硬刺，起点距尾鳍与至鳃盖骨中心距离相等。鳞片中等大，胸鳍基上侧具小三角形皮褶。尾鳍分叉。腹鳍基具 1 片腋鳞，全身鳞片均无纵裂。各鳍黄色。

生态习性：喜居于山间清泉溪流。

资源：数量多，常见。

濒危等级：无危。

分布：分布于澜沧江水系。

③ 丽色真马口波鱼 *Opsarius pulchellus*（Smith, 1931）

别名：无。

个体大小：全长58～111mm，体长44～87mm。

分类地位：鲤形目 Cypriniformes、鲤科 Cyprinidae、鲄亚科 Danioninae。

主要分类特征：体侧扁，腹部无棱。吻略尖。口较大，下颌突出，口裂倾斜，下颌正中具1块突起，与上颌凹陷相嵌合。侧线完全，位于体下侧。背鳍后位，与臀鳍相对；胸鳍宽长，达腹鳍起点；尾鳍叉形。体侧具7～10条垂直蓝绿斑条。

生活习性：生活于山间溪流。杂食性。个体小，为产地常见种。

资源：数量多，较常见。

濒危等级：无危。

分布：分布于澜沧江水系。国内还分布于红河等水系。

④ 斑尾低线鱲 *Barilius caudiocellatus* Chu, 1984

别名：无。

个体大小：全长79～111mm，体长62～89mm。

分类地位：鲤形目Cypriniformes、鲤科Cyprinidae、鲌亚科Danioninae。

主要分类特征：2对须均呈退化状。第1鳃弓外侧鳃耙8枚。背鳍鳍条中部呈黑色。繁殖季节下颌有密集的珠星。背鳍短，无硬刺，起点距尾鳍基距离约等于距筛孔距离。胸鳍尖，末端伸到腹鳍起点。鳞中等大，胸鳍、腹鳍的基部各具1片发达腋鳞。侧线完整。

生活习性：小型鱼类，多集群栖息于缓水河段中上层。体色鲜艳，为产区常见种。

资源：数量多，较常见。

濒危等级：无危。

分布：分布于澜沧江、怒江水系。

⑤ **长嘴鱲** *Raiamas guttatus* **Day, 1869**

别名：长嘴鱼、大口鱼。

个体大小：体长34～254mm，体重12.1～287.1g。

分类地位：鲤形目Cypriniformes、鲤科Cyprinidae、鲃亚科Danioninae。

主要分类特征：体长，侧扁，腹部圆。头尖，头长大于体高。口端位，极大，口裂超过眼后缘下方。下颌前端具显著突起，与上颌凹陷相嵌合。须2对，极细小。背鳍位置较后；臀鳍起点位于背鳍基末端偏后下方。体侧具若干不规则条纹和斑点。

生活习性：栖息在江河流水中。以小鱼和水生昆虫为食。

资源：数量多，较常见。

濒危等级：无危。在澜沧江分布范围狭窄，应予关注。

分布：分布于澜沧江水系。国外分布于缅甸伊洛瓦底江等水系。

⑥ 马口鱼 *Opsariichthys bidens* Günther, 1873

别名：无。

个体大小：全长67 ～ 164mm，体长53 ～ 130mm。

分类地位：鲤形目 Cypriniformes、鲤科 Cyprinidae、鲂亚科 Danioninae。

主要分类特征：体长侧扁。吻长，口大，口裂向上倾斜，下颌后端伸达眼前缘，上颌两侧边缘各具1个缺口，与下颌突出物相嵌合，形似马口，故名"马口鱼"。侧线完全。体背部灰黑色，腹部银白色，体侧具浅蓝色垂直条纹，胸鳍、腹鳍和臀鳍橙黄色。雄鱼在繁殖期出现"婚装"，头部、吻部和臀鳍具显著珠星，臀鳍的第1 ～ 4根分枝鳍条延长，全身具有显著"婚姻色"。

生活习性：多生活于山间溪流中，尤其是在水流较急的浅滩、底质为砂石的小溪或江河支流中。在静水湖泊及江河深水处皆少见。通常集群活动，常同鱲类鱼一起生活。个性凶猛，以小鱼和水生昆虫为食。1龄鱼即有繁殖能力，在较急的水流中产卵。

资源：数量多，较常见。

濒危等级：无危。

分布：广泛分布于澜沧江中下游干支流，还分布于元江东部干支流以及国内其他水域。

⑦ 大鳞半餐 *Hemiculterella macrolepis* Chen, 1974

别名：无。

个体大小：全长126～158mm，体长103～135mm。

分类地位：鲤形目Cypriniformes、鲤科Cyprinidae、鲌亚科Culterinae。

主要分类特征：体长而略侧扁。背缘较平直，腹部呈弧形。头尖，侧扁。口端位，口裂斜，背鳍无硬刺，最末不分枝鳍条柔软，仅基部较硬。尾鳍深分叉，叶端尖，下叶略长于上叶。鳞片大，在腹鳍基部具1片腋鳞，腹膜灰褐色。

生活习性：山涧偶见小型鱼类。

资源：数量较多，为当地经济鱼类之一。

濒危等级：数据缺乏。分布区域狭窄，应予关注。

分布：仅分布于澜沧江支流。

⑧ **大鳞结鱼** *Tor (Tor) douronensis* **Cuvier et Valenciennes, 1842**

别名：无。

个体大小：全长72～590mm，体长55～480mm。

分类地位：鲤形目 Cypriniformes、鲤科 Cyprinidae、鲃亚科 Barbinae。

主要分类特征：吻略尖，唇肥厚，下唇分3叶，成鱼中叶方形，后伸不达两口角之间的连接线。口下位，呈马蹄形。须2对，较发达。背鳍末根不分枝鳍条为光滑强壮的硬刺，腹鳍基部起点与背鳍起点相对。第1鳃弓外侧鳃耙15～20片。体鳞较大，侧线完全。

生活习性：生活于江河流水环境。

资源：数量少。

濒危等级：未评估。产地食用鱼，分布范围小，捕捞强度大，资源量日趋下降，为受威胁种类。

分布：分布于澜沧江下游水系，其支流罗梭江为主要分布区。

⑨ 中国结鱼 *Tor (Tor) tor sinensis* Wu, 1977

别名：无。

个体大小：全长69～249mm，体长56～201mm。

分类地位：鲤形目Cypriniformes、鲤科Cyprinidae、鲃亚科Barbinae。

主要分类特征：体侧扁，吻尖，前突。口下位，唇厚，肉质，完全覆盖颌部边缘；下唇分3叶，中叶发达，呈舌形，成鱼的下唇中叶后缘几乎与口角相平。须2对，吻须短，颌须后伸达眼后缘。体鳞大，侧线鳞23～26，侧线略下弯。背鳍硬刺粗壮光滑，尾鳍叉形。

生活习性：中下层鱼类，平时栖居于江河干流缓流处。幼鱼食浮游动物，成鱼杂食，主要食用水生无脊椎动物。产卵期为7—9月，在卵石急流中繁殖。

资源：澜沧江特有种，个体较大，数量多，为产地主要经济鱼类之一。

濒危等级：易危。性成熟年龄长，经济价值高，捕捞强度大，无人工养殖，易受拦河筑坝影响，应予关注。

分布：分布于西双版纳傣族自治州的澜沧江干支流。

⑩ 大鳞裂峡鲃 *Hampala macrolepidota* **Hasselt, 1823**

别名：ba hong（傣语译音）。

个体大小：全长142～375mm，体长106～313mm。

分类地位：鲤形目 Cypriniformes、鲤科 Cyprinidae、鲃亚科 Barbinae。

主要分类特征：体长，纺锤形，侧扁，腹部圆。吻圆钝，略突出，吻端光滑。口端位，口角达眼前缘，上唇与吻皮之间具1条沟，该沟后伸绕过口角须基部外侧向内伸折为唇后沟。体鳞较大，侧线鳞26～29。体银白色，背侧暗绿色，背鳍、腹鳍始点间具1条垂直黑带纹。背鳍灰黑色，其他鳍橘红色，尾鳍上下缘黑色。成鱼雄性的偶鳍、臀鳍及尾鳍为橘红色，头部及体鳞具许多小珍珠状珠星。小鱼尾柄中部及尾鳍基具较明显的黑色垂直状纹。

生活习性：杂食性，喜居于小河缓流。

资源：数量多，为产地经济鱼类之一。

濒危等级：易危。随着对该鱼的过度捕捞，造成资源破坏严重，以就地保护为主。

分布：分布于澜沧江下游南腊河及罗梭江。

⑪ 南腊方口鲃 *Cosmochilus nanlaensis* **Chen, He et He, 1992**

别名：无。

个体大小：最大体长可达80mm。

分类地位：鲤形目Cypriniformes、鲤科Cyprinidae、鲃亚科Barbinae。

主要分类特征：体略，纺锤形。口小，马蹄形；口角不达鼻孔前缘的垂直下方。上下唇乳突不发达，均具绒毛状乳突。须2对，在幼体时均较发达，成体吻须处于退化状态。侧线完全。背鳍末根不分枝鳍条短；腹鳍基部具1片腋鳞。浸泡标本体背部灰褐色。

生活习性：栖息于江河湾塘，水流回转之处。

资源：数量少。

濒危等级：未评估。澜沧江流域新记录种，情况不明。

分布：仅分布于澜沧江下游支流南腊河。

⑫ 黄尾短吻鱼 *Sikukia flavicaudata* Chu et Chen, 1986

别名：无。

个体大小：全长111～261mm，体长88～210mm。

分类地位：鲤形目 Cypriniformes、鲤科 Cyprinidae、鲃亚科 Barbinae。

主要分类特征：体较高，侧扁，背缘和腹缘突出，弧度相当。口次下位。口裂伸到鼻孔下方。口宽约等于眼径。背鳍具发达硬刺，略短于第1根分枝鳍条，外缘内凹。鳞片较大，易脱落。侧线中央略下弯。肛门紧靠臀鳍起点。侧线中央略下弯。尾鳍叉形。臀鳍无硬刺，鳍条短，腹鳍基外侧具尖长腋鳞2片。

生活习性：生活于主河道及大支流流水江段。

资源：数量多，为产地经济鱼类之一。

濒危等级：数据缺乏。澜沧江流域特有种，种群数量少，应予关注。

分布：分布于澜沧江中下游干支流。

⑬ **大鳞高须鱼** *Hypsibarbus vernay* (Norman, 1925)

别名：大鳞四须鲃、高体四须鲃。

个体大小：全长80～312mm，体长60～240mm。

分类地位：鲤形目Cypriniformes、鲤科Cyprinidae、鲃亚科Barbinae。

主要分类特征：体高且侧扁，近菱形。头短，头后稍凹。吻短钝。口亚下位。唇薄，光滑。须2对，较细弱。鳞大，侧线鳞近30片。背鳍不分枝鳍条为粗壮硬刺，背鳍长约等于头长，后缘锯齿发达。鳞中等大，胸部鳞片变小。侧线中央略向下弯，部分侧线鳞具分枝的侧线管。肛门紧靠臀鳍起点。鳃耙短小，排列稀疏。

生活习性：生活在江河缓流水域，草食性。

资源：数量稀少。

濒危等级：无危。曾为产地常见种类，生境脆弱，因拦河筑坝导致栖息地减少，同时因过度捕捞，资源量急剧下降。应予关注。

分布：分布于澜沧江下游干支流。

⑭ 云南吻孔鲃 *Poropuntius huangchuchieni* (Tchang, 1962)

别名：云南四须鲃。

个体大小：全长69～343mm，体长51～265mm。

分类地位：鲤形目 Cypriniformes、鲤科 Cyprinidae、鲃亚科 Barbinae。

主要分类特征：体侧扁，背、腹轮廓线呈弧形。头长小于体高。吻稍短，尖出。口亚下位。唇薄，光滑。须2对，长且发达。侧线鳞33～39。背鳍不分枝鳍条后缘具发达锯齿，通常小于头长，鳍条为粗壮硬刺。鳞片中等大，前胸鳞片较少。鳃耙短小，排列稀疏。侧线中央略向下弯。部分侧线鳞具分枝侧线管。体被青黑色。体侧上中部呈蓝金色，腹部颜色较浅，各鳍灰黑色。尾鳍上下缘黑色。吻端具白色小颗粒。

生活习性：草食性。

资源：数量多，为产地主要经济鱼类之一。

濒危等级：数据缺乏。分布广，数量大，捕捞强度也大，生境脆弱，易受水环境变化影响，资源量急剧下降，无人工养殖。应予关注。

分布：分布于澜沧江中下游干支流，还分布于元江水系。

⑮ 爪哇无名鲃 *Barbonymus gonionotus* Bleeker, 1850

别名：银高体鲃。

个体大小：体长最长可达405mm。

分类地位：鲤形目Cypriniformes、鲤科Cyprinidae、鲃亚科Barbinae。

主要分类特征：体较高，外形轮廓略呈菱形。口端位，半圆形。须2对，较为细软。鳞片较大，侧线鳞与侧线上下的鳞片大小一致。身体背部灰黑色，腹部银白色。背鳍和尾鳍浅灰色，胸鳍和腹鳍白色，臀鳍灰白色。本种臀鳍分枝鳍条6～7根，同属其他种为5根。

生活习性：常见于江河、溪流和泛滥平原，水库中亦可见。生活于水体中下层，杂食性，在雨季喜欢栖息于洪水泛滥的灌木丛下方水体中。

资源：在澜沧江数量少。

濒危等级：无危。澜沧江新记录种类。

分布：仅分布于澜沧江下游支流罗梭江。国外广泛分布于印度尼西亚和泰国之间的地区水域，也分布于老挝、柬埔寨等湄公河下游水域。

⑯ **后背鲈鲤** *Percocypris tchangi* (Pellegrin & Chevey, 1936)

别名：无。

个体大小：全长111～578mm，体长92～495mm。

分类地位：鲤形目Cypriniformes、鲤科Cyprinidae、鲃亚科Barbinae。

主要分类特征：体延长呈纺锤形，口上位，口裂长，须2对，背鳍硬刺后缘具锯齿，其起点距尾鳍基的距离小于或等于距眼后缘的距离。

生活习性：生活于澜沧江中下游主河道。游动速度快，常栖于澜沧江的干支流中，一般幼鱼生活在支流中，如在昌宁县的打平河和漾濞江等数量较多。成鱼多生活在干流中，属中上层鱼类，常集小群活动。鱼苗期以浮游动物为主食，成鱼主要以其他鱼类为食，是一种主动出击的肉食性大型凶猛鱼类。约4龄性成熟，繁殖期4—6月，亲鱼在繁殖期由干流向支流上溯，在支流多砾石处产卵，受精卵在砾石间孵化。

资源：曾为产地经济鱼类。原来数量较多，现数量锐减。

濒危等级：易危。无保护措施。为受威胁种类，建议就地保护，开展人工增殖放流。

分布：分布于澜沧江中下游干流云县等江段及支流漾濞江等。

南方白甲鱼 *Onychostoma gerlachi* Peters, 1880

别名：香榄鱼、红尾榄、平头榄、滩头鲮、齐口鲮、石鲮。

个体大小：体长65～234mm。

分类地位：鲤形目Cypriniformes、鲤科Cyprinidae、鲃亚科Barbinae。

主要分类特征：体长，侧扁，头短而宽，吻圆锥形，口下位，横裂。下颌骨具角质边缘，上颌末端达鼻孔后缘的下方，唇薄，下唇与下颌愈合，唇后沟仅达口角，无须。背鳍具硬刺，其后缘具发达锯齿。鳞中等大，胸部鳞片较小，浅埋于皮下。腹鳍基外侧有腋鳞。侧线中部略向下弯。鳃耙短小侧扁，呈三角形。体基色银白色，背部深灰色。背鳍及胸鳍灰色，腹鳍与臀鳍橙红色。

生活习性：江河中下层鱼类，多栖居于清水石底河段，主要以着生藻类为食，也食少量枝角类、轮虫及高等植物碎屑。1冬龄性腺成熟，2周龄其他部位成熟，4—5月亲鱼集群在河溪石滩水流通处产卵。

资源：数量较多，为产地主要经济鱼类。

濒危等级：近危。无保护措施，应予关注。

分布：分布于澜沧江中下游干支流，还分布于南盘江水系和元江水系。

⑱ 长臀鲃 *Mystacoleucus marginatus* Cuvier et Valenciennes, 1842

别名：月斑长臀鲃。

个体大小：全长124～167mm，体长99～131mm。

分类地位：鲤形目Cypriniformes、鲤科Cyprinidae、鲃亚科Barbinae。

主要分类特征：体高，侧扁，长斜方形。口亚下位，口宽与眼径相等。唇薄。须2对，吻须细小，颌须小于眼径。鳞略大，侧线鳞不到30片。背鳍刺较粗，后缘具细齿，前方具1根平卧倒刺。臀鳍分枝鳍条8～9，较同亚科鱼类为多。鳞较大而薄，易脱落。侧线中央下弯，向后弯入尾柄正中。肛门紧靠臀鳍起点。鳃耙短钝，排列稀疏。生活时全身银白色，各鳍透明。

生活习性：杂食性河川小型鱼类。

资源：数量较多，为产地主要经济鱼类。

濒危等级：无危。

分布：分布于澜沧江下游水域。

⑲ 细尾长臀鲃 *Mystacoleucus lepturus* **Huang, 1979**

别名：无。

个体大小：全长68～102mm，体长52～80mm。

分类地位：鲤形目Cypriniformes、鲤科Cyprinidae、鲃亚科Barbinae。

主要分类特征：体细长，侧扁。口小，口亚下位，口宽小于眼径。须1对，位于口角，稍短。侧线鳞约35片，背鳍刺发达，后缘具锯齿，前方具平卧倒刺。体侧部分鳞片具半月形斑点。鳞较大而薄，易脱落。侧线中央下弯，向后弯入尾柄正中。肛门紧靠臀鳍起点。鳃耙短钝，呈三角形，排列稀疏，背部橘黄色，体侧闪亮银白色。各鳍浅橘黄色，背鳍齿前缘黑色。

生活习性：杂食性，河川小型鱼类。

资源：数量较多。

濒危等级：无危。

分布：分布于澜沧江下游及其支流水域。

⑳ 斯托利佩西鲃 *Pethia stoliczkana* (Day, 1871)

别名：条纹二须鲃。

个体大小：全长38～77mm，体长29～61mm。

分类地位：鲤形目Cypriniformes、鲤科Cyprinidae、鲃亚科Barbinae。

主要分类特征：体侧扁，稍高。口次下位，呈马蹄形。须1对，细小。腹鳍不达肛门。体基色鲜艳美丽。雌鱼眼上缘红色，全身反射金黄色光泽，隐现黑色垂直条带，具不规则小点或黑斑。腹部银白色。背鳍前缘黑色，其余各鳍色淡。

生活习性：生活于静水水体，如田间、水沟、龙潭、池塘等。

资源：数量较多。可供观赏。

濒危等级：无危。

分布：分布于澜沧江下游水域，还分布于南盘江、异龙湖、大屯湖、元江等水域。

少鳞舟齿鱼 *Scaphiodonichthys acanthopterus* **(Fowler, 1934)**

别名：少鳞白甲鱼。

个体大小：全长62～312mm，体长46～238mm。

分类地位：鲤形目Cypriniformes、鲤科Cyprinidae、鲃亚科Barbinae。

主要分类特征：体呈纺锤形，稍侧扁。头短宽。吻圆钝。口下位，横裂颇宽，与该处头宽相等，头长约为其2倍。下唇仅至口角。下颌外露，具锐利角质缘。无须。鳞片较大。背鳍硬刺具锯齿，分枝鳍条11～12。尾柄细长。侧线中央下弯，向后弯入尾柄正中。肛门紧靠臀鳍起点。鳃耙短钝。鳞片中等大。背部和体侧上部青蓝色。腹部乳白色，头顶青灰色，鳃盖银白色，各鳍灰色。

生活习性：喜居于江河流水环境。个体中等大，常集小群活动。以着生藻类为食。

资源：曾为产地主要经济鱼类，目前数量不多。

濒危等级：无危。受拦河筑坝影响，栖息地缩小，数量减少，繁殖力低，资源破坏难以恢复，无人工养殖。应予关注。

分布：分布于澜沧江下游水系。

㉒ 宽头高鲮 *Altigena laticeps* (Wu et Lin, 1977)

别名：青鱼。

个体大小：全长94～185mm，体长73～140mm。

分类地位：鲤形目 Cypriniformes、鲤科 Cyprinidae、野鲮亚科 Labeoninae。

主要分类特征：口下位，深弧形，无须。下颌具锐利角质缘，具较深颌沟。体略侧扁，背鳍末根不分枝鳍条柔软不成硬刺。体较长，背缘稍弧形，腹缘稍平直。头短，侧扁，头宽几乎等于头高，吻圆钝，突出，前段两侧具珠星。背鳍无硬刺，外缘深凹，鳞片中等大，腹部鳞片显著变小。背前鳞变小，不易辨认。腹鳍基部具发达腋鳞。鳃耙细小，排列紧密。鳔2室，前端椭圆形，后室长管状。肠细长。体背褐色，体侧基色古铜色，具草绿色网眼纹。

生态习性：喜居于清水河流，刮食底部周丛生物，性成熟年龄长。

资源：澜沧江特有种，产量较多，经济价值高，产地主要经济鱼类。

濒危等级：数据缺乏。捕捞强度大，生境脆弱。应予关注。

分布：分布于澜沧江中下游干支流，以罗梭江为多。

㉓ 舌唇鱼 *Lobocheilus melanotaenia* Fowler, 1935

别名：无。

个体大小：全长65～177mm，体长50～137mm。

分类地位：鲤形目Cypriniformes、鲤科Cyprinidae、野鲮亚科Labeoninae。

主要分类特征：体细长，侧扁。头小。吻部略圆。口下位。吻皮与上唇分离，下唇颇厚，与下颌分离，形成肉质垫。下颌内缘隆起，前端宽，具薄角质缘。颌须1对，细小。背鳍无硬刺，尾鳍深分叉。鳞中等大，在前胸略变小。侧线中央下弯，向后弯入尾柄正中。肛门紧靠臀鳍起点。鳔2室，较细小，腹膜灰褐色。

生活习性：小型下层鱼类，喜居于缓流水体泥底河段。

资源：数量少，偶见。

濒危等级：无危。资源量稀少，应予关注。

分布：分布于澜沧江下游干流关累段及支流南腊河，还分布于金沙江、南盘江、元江水系。

㉔ 东方墨头鱼 *Garra orientalis* Nichols, 1925

别名：齐鼻子、癞鼻子鱼。

个体大小：全长 73 ～ 206mm，体长 57 ～ 167mm。

分类地位：鲤形目 Cypriniformes、鲤科 Cyprinidae、野鲮亚科 Labeoninae。

主要分类特征：体长，圆筒形。头宽，吻圆钝，前端具很多粗糙角质突起。鼻前深陷，将吻分作两部，上部为游离吻突，雄性更为显著，具发达珠星，幼鱼不明显。口下位呈新月形，上唇边缘呈流苏状，下唇具发达圆形吸盘，中央为肉质垫，周缘有游离的薄片。须 2 对。鳞较大，但腹面在胸鳍基部之前鳞极小。背鳍无硬刺。体背深黑色，腹部灰白色，各鳍灰黑色略带橙色，幼鱼橙色较显著。体侧每片鳞片后部均具 1 块黑斑，在体两侧各形成 6 条黑色平行的条纹。

生活习性：常栖息于江河、山间水流湍急的环境中，以其碟状吸盘吸附于岩石上，营底栖生活。多以着生藻类为食。成熟较早，产卵期在 3 月，处于流水环境，故其多于洪水期产卵。

资源：数量较多，为产地经济鱼类之一。

濒危等级：无危。捕捞强度大，易受拦河筑坝影响。应予关注。

分布：分布于澜沧江中下游干支流，还分布于元江、怒江、龙川江、大盈江水系。

㉕ 奇额墨头鱼 *Garra mirofrontis* Chu et Cui, 1987

别名：无。

个体大小：体长70～82mm。

分类地位：鲤形目Cypriniformes、鲤科Cyprinidae、野鲮亚科Labeoninae。

主要分类特征：体略侧扁，胸部和腹部平坦。头背轮廓线在额突前部下凹。须2对，均不发达。臀鳍以第3根鳍条为最长，后伸达尾鳍基。胸部和腹部均具鳞，较体侧鳞片略小。体背和体侧深灰色，体侧有黑白相间的纵向条纹5～6条。

生活习性：喜居于江河、山涧水流湍急的环境，营底栖生活。

资源：数量较多，为产地经济鱼类之一。

濒危等级：未评估。澜沧江新记录种类，分布区域狭窄，捕捞强度大，易受拦河筑坝影响。应予关注。

分布：分布于澜沧江下游干支流。

26 柬埔寨墨头鱼 *Garra cambodgiensis* Tirant, 1883

别名：舐石头、石棍子。

个体大小：体长55～97.5mm。

分类地位：鲤形目Cypriniformes、鲤科Cyprinidae、野鲮亚科Labeoninae。

主要分类特征：吻须1对。吻略尖，其前端两侧具2个特大珠星。鼻孔前不凹陷。口下位，较小。吻皮下垂盖住上颌外部，其边缘分裂成流苏状。背鳍无硬刺，起点位于臀鳍起点的前上方，外缘稍内凹。腹鳍末端达肛门，起点距臀鳍起点较胸鳍基为近。尾鳍分叉，腹部具显著鳞片，较体侧鳞小。侧线平直，入尾柄正中。

生活习性：底层鱼类，生活于山间溪流，个体较小。虽肉味鲜美，但经济价值较低。

资源：数量较多，产地常见经济鱼类之一。

濒危等级：无危。澜沧江流域特有种，易受拦河筑坝影响。应予关注。

分布：分布于澜沧江下游干支流，还分布于湄公河水系。

缺须墨头鱼 *Garra imberba* Garman, 1912

别名：东坡鱼。

个体大小：全长69～277mm，体长49～214mm。

分类地位：鲤形目Cypriniformes、鲤科Cyprinidae、野鲮亚科Labeoninae。

主要分类特征：体长，稍呈圆筒形。口大，下位，呈新月形，无须。鳞中等大，腹鳍前腹面的鳞片埋于皮下；背鳍无硬刺，边缘凹形。具珠星，繁殖期更为显著。体褐色，背部较深，腹部灰白色，鳍呈灰黑色。体侧鳞的基部具1块黑斑，连接体侧黑褐色条纹数条。

生活习性：底栖鱼类，喜栖息于水流湍急、水底多岩石的环境，常以肉质的吸盘吸附在水底石块上，以着生藻类、植物碎屑及沉积在岩石表面上的有机物等为食，有时也食少量水生昆虫幼虫。成熟较晚，一般长至3—4冬龄始达性成熟。繁殖期在5—6月，于流水中产卵。

资源：个体较大，数量不多，经济价值高，在产地为经济鱼类之一。

濒危等级：易危。捕捞强度大，生境脆弱。应予关注。

分布：分布于澜沧江下游干支流，还分布于金沙江、元江水系。

(28) 花鳕 *Hemibarbus maculatus* Bleeker, 1871

别名：麻叉、竹篙嘴。

个体大小：全长 81 ～ 219mm，体长 68 ～ 180mm。

分类地位：鲤形目 Cypriniformes、鲤科 Cyprinidae、鮈亚科 Gobioninae。

主要分类特征：体硕长，前部略呈圆柱状，后部稍侧扁。吻圆钝，弧形，口角具须1对，自眼下方至吻端具1列黏液腔。颌部中央下方具较大的三角形突起，侧线上具4 ～ 7块大黑斑。背鳍不分枝鳍条为后缘光滑的硬刺，其长小于头长，背鳍起点位于腹鳍起点前上方。腹鳍短，起点约在胸鳍起点至肛门的中间，尾鳍分叉。鳞中等大。侧线平直。鳃耙排列稀疏。背部灰黑色，腹部白色。

生活习性：生活在水体中下层。性温顺。喜底栖钻洞，常聚居或出没于沿岸长有青苔的石头、木桩等附近。对水流较敏感，尤其是春汛繁殖期间，水有流动即兴奋游窜，甚至跃出水面。偏肉食性鱼类，以底栖无脊椎动物、虾、昆虫幼虫等为主食，幼鱼期以浮游动物为食，兼食一些藻类及水生植物。

资源：数量较多，为产地常见经济鱼类之一。

濒危等级：无危。

分布：分布于澜沧江下游，以支流罗梭江、南腊河为多，还分布于元江、南盘江和金沙江等水系。

短须鱊 *Acheilognathus barbatulus* Günther, 1873

别名：无。

个体大小：全长51 ～ 70mm，体长42 ～ 56mm。

分类地位：鲤形目 Cypriniformes、鲤科 Cyprinidae、鱊亚科 Acheiloghathinae。

主要分类特征：体侧扁，轮廓呈长卵形。口亚下位，呈马蹄形。口角具须1对。背鳍及臀鳍均具硬刺，背鳍起点距吻端较距尾鳍基为远。肛门接近腹鳍，胸鳍末端不达腹鳍，尾鳍深分叉。鳞大，在腹鳍基具1片发达腋鳞。侧线完全，中段下弯。向后深入尾柄正中。鳔2室，后室大于前室。腹膜浅黑色。

生活习性：小型鱼类，喜栖息水草较多的静水或缓流水域。产卵于河蚌的鳃瓣中，以高等植物和藻类为食。

资源：数量较多，在产地为常见杂鱼之一。

濒危等级：无危。

分布：分布于澜沧江下游干流及支流罗梭江，还分布于西洋江水系。

30 光唇裂腹鱼 *Schizothorax* (*S.*) *lissolabiatus* Tsao, 1964

别名： 细鳞鱼、山白鱼、山白条。

个体大小： 全长120 ~ 560mm，体长95 ~ 460mm。

分类地位： 鲤形目Cypriniformes、鲤科Cyprinidae、裂腹鱼亚科Schizothoracinae。

主要分类特征： 体延长，略侧扁，口下位，下颌前部角质边缘锐利。须2对，约等长，侧线平直，侧线鳞95 ~ 113片。背鳍末端不分枝鳍条为硬刺，后缘具发达或较发达齿。体背及体侧面具细鳞，胸及胸前端裸露无鳞，自胸鳍尖端之后的腹面起具鳞片。臀鳍后伸不达尾鳍下缘基部。鳃耙略细长，排列较密。下咽骨狭窄，弧形。鳔2室，腹膜黑色。体背侧蓝灰色，部分个体散布不规则黑斑。

生态习性： 中下层鱼类，常栖息水流湍急、水质干净、水底底质多砾石的中下层环境中，集群在砾石间活动。杂食性，主要以固着藻类和沉积在砾石表面的有机质及植物碎屑为食，兼食水生昆虫的幼虫等。

资源： 数量较多，为产地常见主要经济鱼类之一。

濒危等级： 无危。澜沧江上游重要经济鱼种类，种群小型化，资源量下降明显。分布于受环境变化敏感的生境脆弱区域，易受拦河筑坝影响。无人工养殖。为受威胁种类，建议就地保护。

分布： 分布于澜沧江中上游干支流，常见于双江拉祜族佤族布朗族傣族自治县、云县、保山市、漾濞县、维西傈僳自治县、德钦县等江段。

㉛ 云南裂腹鱼 *Schizothorax yunnanensis* Norman, 1923

别名：面鱼（白族）。

个体大小：全长265～340mm，体长215～290mm。

分类地位：鲤形目Cypriniformes、鲤科Cyprinidae、裂腹鱼亚科Schizothoracinae。

主要分类特征：下颌外侧无角质，前缘不锐利。下唇不发达，仅在下颌两侧有狭长的两叶。须2对，口角须较短，约等于眼直径。鳃耙较多。

生态习性：通常见于水库或缓流水体。

资源：云南特产，原为产地经济鱼类之一。由于捕捞过度，现数量不多，且个体较小。

濒危等级：濒危。2003年列入中国物种红色名录。

分布：主要分布于澜沧江中上游干流。

㉜ 松潘裸鲤 *Gymnocypris potanini* Herzenstein, 1891

别名：无。

个体大小：全长117～198mm，体长96～165mm。

分类地位：鲤形目 Cypriniformes、鲤科 Cyprinidae、裂腹鱼亚科 Schizothoracinae。

主要分类特征：体长，稍侧扁。头锥形。口亚下位，弧形。下颌无锐利角质。唇薄，下唇侧叶细狭，唇后沟中断。无须。鳃耙短小，较稀疏。体大部裸露，仅有臀鳞和少数肩鳞。背鳍刺细软，后侧缘下部具细锯齿，起点在腹鳍之前。鳔2室，前室小，腹膜黑色。背鳍末端不分枝鳍条为硬刺。

生活习性：小型鱼类。生活于支流急流段。

资源：数量较少。

濒危等级：未评估。产地矿产发达，生境容易遭受污染。分布区域狭窄，数量少，种群小型化，生境单一。应予关注。

分布：分布于澜沧江上游支流永春河，还分布于金沙江水系。

33 鲫 *Carassius auratus auratus* Linnaeus, 1758

别名：鲫壳。

个体大小：全长95 ～ 244mm，体长72 ～ 196mm。

分类地位：鲤形目Cypriniformes、鲤科Cyprinidae、鲤亚科Cyprininae。

主要分类特征：体侧扁而高，体长为体高的2.2 ～ 2.8倍，腹部圆，头较小，吻钝，口端位，无须，下咽齿侧扁。背鳍和臀鳍均具一根粗壮且后缘具锯齿的硬刺。鳞较大，整个身体呈银灰色，背部深灰色，腹部灰白色。

生活习性：广布、广适性鱼类，对各种生态环境具有很强的适应能力，从亚寒带到热带，不论水体深浅，流水或静水，清水或浊水，低氧、低酸、低碱等环境均能适应。一般较喜栖息于水草丛生、流水缓慢的浅水河湾、湖汊、池塘中，对水温、食物、水质条件、产卵场条件均不苛求，能在其他养殖鱼类所不能适应的不良环境中生长繁殖。杂食性鱼类，食谱极为广、杂，动物性食物以枝角类、桡足类、苔藓虫、轮虫、淡水壳菜、蚬、摇蚊幼虫及虾等为主；植物性食物则以植物的碎屑为主，另外还有硅藻类、丝状藻类、水草等。

资源：数量多，为产地常见经济鱼类。

濒危等级：无危。

分布：分布于全国各地水系。

㉞ 拟鳗荷马条鳅 *Homatula anguillioides* (Zhu et Wang, 1985)

别名：大花筒鱼。

个体大小：全长 120.2 ～ 154mm，体长 104.9 ～ 134mm。

分类地位：鲤形目 Cypriniformes、鳅科 Cobitidae、条鳅亚科 Noemacheilinae。

主要分类特征：体延长，前体近圆筒形，头中等大，平扁。口下位，口裂呈弧形；上下唇有皱褶，上下唇中央各具1块缺刻；上颌中央具强壮齿状突起，下颌中部前缘的"V"字形缺刻明显。须3对，较短。内侧吻须后伸不达前鼻孔，口角须伸达眼后缘的垂直下方；尾柄上下缘有膜状的软鳍褶；背鳍起点距吻端小于距尾鳍基，臀鳍起点距腹鳍起点等于距尾鳍基，胸鳍长约占胸、腹起点间距的38%～48%，腹鳍起点与背鳍第1根或第2根分枝鳍条相对，尾鳍圆形。侧线完全，除头部外其余体部均被细密鳞片，背鳍之前的前躯鳞片密集。

生态习性：栖息在泥沙底质的急流中，以藻类和植物碎屑为食，对流水有极强的适应能力。

资源：个体较大，在澜沧江中上游干支流数量较多，资源量较大，在一些江段为主要分布种类。

濒危等级：濒危。经济价值较高，由于捕捞强度大，种群渐趋小型化。应予关注，建议就地保护。

分布：分布于澜沧江干流及支流漾濞江、黑惠江及通甸河等。

㉟ 南方翅条鳅 *Pteronemacheilus meridionalis* (Zhu, 1982)

别名：无。

个体大小：体长 44.5 ～ 68mm。

分类地位：鲤形目 Cypriniformes、鳅科 Cobitidae、条鳅亚科 Noemacheilinae。

主要分类特征：体延长，后躯侧扁。口下位，下唇中央具1块"V"字形缺刻；须3对，发达。除头部和胸部外，其余体部被小鳞，侧线完全。沿体侧线褐色较深，各鳍均无斑点。

生态习性：栖息于水流湍急的砾石底河流中，以藻类和植物碎屑为食。

资源：个体小，数量少，为澜沧江流域特有鱼类。

濒危等级：未评估。分布区域狭窄，应予关注，建议就地保护。

分布：分布于澜沧江下游干流关累港以下江段及支流罗梭江。

(36) 南方南鳅 *Schistura meridionalis* Zhu, 1982

别名： 南方条鳅。

个体大小： 体长33 ～ 57mm。

分类地位： 鲤形目Cypriniformes、鳅科Cobitidae、条鳅亚科Noemacheilinae。

主要分类特征： 身体稍延长，侧扁。体被细密鳞片，胸、腹部裸出。侧线不完全。腹鳍末端不达肛门（雌性）或伸达乃至超过肛门（雄性）。基色浅黄。雌性体侧的横斑条纹明显，尾鳍基部具1条深褐色纹；雄性体侧自鳃孔后至尾鳍基部具1条醒目的深褐色纵纹，但横斑纹不明显，尾鳍、背鳍具不明显浅褐点。雄性胸鳍外侧3根分枝鳍条分离较远，背面各有一个肉质隆起。

生态习性： 栖息于多水草和砂砾底的缓流河段，以底栖动物性食料为食。

资源： 个体较小，数量较多，价值不高。

濒危等级： 无危。

分布： 分布于澜沧江下游支流罗梭江及南定河。

湄南南鳅 *Schistura fasciolata*　Nichols et Pope, 1927

别名：红尾巴鱼，横纹条鳅。

个体大小：全长53～94.8mm，体长44.3～81.8mm。

分类地位：鲤形目Cypriniformes、鳅科Cobitidae、条鳅亚科Noemacheilinae。

主要分类特征：体延长，稍侧扁，尾柄短，头部稍平扁，头宽大于头高。吻钝，长等于或稍短于眼后头长。口下位，唇窄，唇面有浅褶。上颌中央具1块齿状突起，下颌匙状，前缘具1块"V"字形缺刻。须中等长，外侧吻须伸达鼻孔和眼前缘之间的下方，颌须伸达或略超眼后缘之下。身体被细鳞，后躯较密，侧线完全。腹鳍末端几达肛门。腹鳍腋部具1块肉质鳍瓣，尾鳍外缘凹入，两叶具圆形外缘。背鳍前后各具4～5条和4～8条褐色横斑纹，尾鳍基部具1条褐色纹。

生态习性：小型流水性鱼类。栖息于水流湍急的砾石底河流中，以藻类和植物碎屑为食。

资源：体较细长，数量较多，价值不高。

濒危等级：无危。

分布：分布于澜沧江中下游干支流。

(38) 隐斑南鳅 *Nemacheilus schultzi* Smith, 1945

别名：无。

个体大小：全长77.8 ～ 101.7mm，体长65.4 ～ 85.7mm。

分类地位：鲤形目Cypriniformes、鳅科Cobitidae、条鳅亚科Noemacheilinae。

主要分类特征：体长，背、腹面均较平坦。口下位，上下唇厚，唇面无明显皱褶。上唇中央无缺刻。下唇前缘游离，中央具1块较深缺刻。须3对，中等长。头部裸露无鳞，胸部具稀疏鳞片，其余体部被细密鳞片。侧线完全，较直，沿体侧中轴伸达尾鳍基。体侧无斑或具不明显灰褐色斑8 ～ 12块，前后排列相同，横斑纹宽大于其间距，背鳍起点具1块黑色斑点，背鳍具斑纹1条，尾鳍具横斑纹2条，基部另具黑色横斑1条。

生态习性：小型流水性鱼类。栖息在砂砾石底的缓流河段中，以藻类和植物碎屑为食。

资源：澜沧江特有鱼类，数量不多。

濒危等级：数据缺乏。有一定经济价值，未采集到标本，情况未知，建议深入调查。

分布：分布于澜沧江下游干支流。

39 细尾高原鳅 *Triplophysa (T.) stenura* **Herzenstein, 1888**

别名：无。

个体大小：全长68～189mm，体长58～153mm。

分类地位：鲤形目Cypriniformes、鳅科Cobitidae、条鳅亚科Noemacheilinae。

主要分类特征：体延长，前部近圆筒形，后部侧扁，背鳍向后至尾部部分逐渐变细，尾柄细圆较长、较高，尾柄起点处的宽小于尾柄高。头稍平扁，头宽大于头高。口下位，唇较厚，唇面有浅皱褶，下颌匙状。须中等长，外侧吻须后伸达鼻孔和眼中心之间的下方，颌须后伸达眼中心和眼后缘之间的下方。无鳞，侧线完全。背部于背鳍前后各具3～5块较宽的褐色鞍形斑，横斑纹宽度大于两侧横斑纹间距，体侧具不规则褐色斑块或斑点，背鳍、尾鳍具褐色小斑点。

生态习性：小型流水性鱼类。栖息在高原急流中，以藻类和植物碎屑为食。

资源：个体小，数量不多。

濒危等级：无危。

分布：分布于澜沧江中上游干流及下游支流黑惠江等。

㊵ 斯氏高原鳅 *Triplophysa (T.) stoliczkae* Steindachner, 1866

别名：球肠条鳅。

个体大小：全长71～118mm，体长60～108mm。

分类地位：鲤形目Cypriniformes、鳅科Cobitidae、条鳅亚科Noemacheilinae。

主要分类特征：体延长，前躯较宽，呈圆简形。口下位。须中等长，外吻须后伸达鼻孔之下方，颌须后伸达或略超眼后缘之下。无鳞，皮肤光滑。侧线完全。尾鳍后缘凹入，下叶稍长。鳔后室退化为一个很小的膜质室。肠较长，自U形胃为起点，在胃后方绕折成螺纹形。体长为肠长的0.8～1倍。背、侧部浅褐色。背部在背鳍前后各具4～5块深褐色宽横斑或鞍形斑。体侧具不规则斑纹和斑点，较小个体沿侧线具1列褐色斑块。背、尾鳍具褐色小斑点。

生态习性：栖息在急流河段浅滩的石砾缝隙中，以硅藻类植物和底栖动物为食，其中以植物性食料为主。

资源：个体小，数量不多。

濒危等级：无危。

分布：分布于澜沧江中上游支流。

黑线安巴沙鳅 *Ambastaia nigrolineata* **(Kottelat et Chu, 1987)**

别名：花鱼。

个体大小：全长45～47mm，体长34.6～36.3mm。

分类地位：鲤形目Cypriniformes、鳅科Cobitidae、沙鳅亚科Botiinae。

主要分类特征：体长，侧扁。吻尖，眼中等大。眼缘下方具1根眼下刺，后端几达眼中央的垂直下方。前后鼻孔靠近，前鼻孔呈短管状。吻须上下各1对，上吻须略长于下吻须，约等长于口角须。口角须末端略过眼前缘垂下方。尾鳍叉形，上下叶等长。体被细鳞，侧线完全，平直。体色浅棕色，沿背缘自吻端至尾鳍基具棕褐色纵带，其宽度约为眼径的1/2。体侧各具同色纵带1条，起自吻端，沿侧线伸入尾柄中轴，各鳍无斑。

生态习性：小型流水性鱼类。栖息在砂底缓流小溪中，以藻类和植物碎屑为食。

资源：澜沧江特有鱼类。个体小，数量较多。

濒危等级：无危。

分布：分布于澜沧江下游干流及支流流沙河、罗梭江、南腊河。

42 **中华沙鳅** *Sinibotia superciliaris* (Günther, 1892)

别名：钢鳅、花鱼。

个体大小：全长111～133mm，体长86.5～105mm。

分类地位：鲤形目Cypriniformes、鳅科Cobitidae、沙鳅亚科Botiinae。

主要分类特征：体较长，侧扁，头后背部隆起。头部较长，侧扁。吻长大于眼后头长，约等于眼径与眼后头长之和，吻端尖。眼下刺分叉，后端几达眼后缘。前后鼻孔紧靠，前鼻孔呈管状。口下位，上唇边缘有斜向皱褶，与下唇相连。上颌与下颌均较窄。吻须上下各1对，上吻须略长于下吻须，近等长于口角须。尾鳍深分叉，下叶稍长。口角须后伸超过鼻孔的垂直下方。体被细鳞，侧线完全，平直。头部微红色，体侧具7～9条灰黄色带，背鳍和臀鳍鲜黄色，具灰斑条，其余各鳍灰黄且具黑斑。

生态习性：小型流水性鱼类。栖息在砂底浅滩等缓流河段中，以藻类和植物碎屑为食。

资源：数量不多，为中国特有鱼类。分布广泛，有一定经济价值，且有人工养殖。但澜沧江数量少，易受环境变化影响。

濒危等级：数据缺乏。受威胁种类，建议加强保护，深入研究。

分布：分布于澜沧江中下游干流及支流黑惠江、罗梭江等。

43 **马头鳅** *Acanthopsis dialuzona* **(Van Hasselt, 1823)**

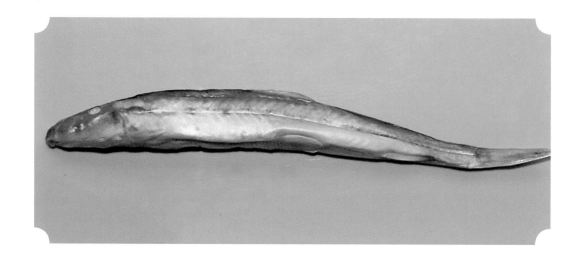

别名：青苔鼠、花鱼。

分类地位：鲤形目 Cypriniformes、鳅科 Cobitidae、花鳅亚科 Cobitinae。

主要分类特征：体长，稍侧扁，身体最高处在胸鳍起点垂直上方，向前急剧下斜，向后较平直。头长，侧扁。吻特别长，前端略尖，吻长为眼后头长的2倍以上。眼上位，眼前具1根分叉眼下刺，末端不达眼前缘。后鼻孔紧靠前鼻孔，前鼻孔呈管状。口下位，上唇边缘具发达而稀疏突起。须3对，前吻须略过后吻须基部，后吻须达前鼻孔的垂直下方，口角须达后鼻孔的垂直下方。尾鳍深凹，下叶稍长。体被细鳞，头部无鳞，侧线完全，平直。沿侧线可见约10块小黑斑，背部具数块棕色大斑。吻端至眼前缘具2条黑色纵条纹。各鳍浅棕色，无斑。

生态习性：小型缓流水性鱼类。栖息在江边砾底浅滩流水回转之处，以藻类和植物碎屑为食。

资源：体细长，数量稀少。

濒危等级：无危。

分布：分布于澜沧江下游干支流。国外分布于印度尼西亚等地区。

44 拟长鳅 *Acanthopsoides gracilis* Fowler, 1934

别名：无。

分类地位：鲤形目 Cypriniformes、鳅科 Cobitidae、花鳅亚科 Cobitinae。

主要分类特征：体细长，侧扁。头小，侧扁。吻长小于或等于眼后头长。眼下刺分叉，后端超过眼前缘。眼间距小于眼径。后鼻孔紧靠前鼻孔，前鼻孔略呈短管状。口下位，上唇边缘光滑。前吻须达后吻须基部，后吻须达前鼻孔垂直下方，口角须达后鼻孔垂直下方。腹鳍末端远不达肛门，尾鳍浅凹，下叶稍长，尾柄长大于尾柄高。体被细鳞，头部无鳞，侧线中断，前段起于鳃孔上端至背鳍前方的垂直下方，后段起于臀鳍末端的垂直上方至尾鳍基中央。

生态习性：小型缓流水性鱼类。栖息在江边砾底浅滩流水回转之处，以藻类和植物碎屑为食。

资源：体细长，数量不多。澜沧江流域特有种，分布区域狭窄，数量少。

濒危等级：无危。应予关注，建议就地保护。

分布：分布于澜沧江下游干支流。国外分布于泰国等地区水域。

45 横斑原缨口鳅 *Vanmanenia tetraloba* **Mai, 1978**

别名：爬爬子。

个体大小：全长66～103mm，体长53～83mm。

分类地位：鲤形目Cypriniformes、平鳍鳅科Balitoridae、腹吸鳅亚科Balitorinae。

主要分类特征：体呈圆筒形，腹缘平直。眼小，侧上位。口下位，呈马蹄形。口角须1对，基部较粗，内侧具1块小乳突。鳃孔扩至头部腹面。背鳍无硬刺，起点近位于吻端至尾鳍基的中点。尾鳍凹形，下叶稍长于上叶。鳞片细小，侧线完全，平直。胸、腹部裸露区扩展至肛门。体背棕褐色，腹部淡黄色，两侧具许多不规则条状横斑纹。背鳍淡黄，每根鳍条具3～4块小黑斑。臀鳍淡黄色。胸鳍和腹鳍的背面褐色，外缘淡黄色。尾鳍具3～4条黑色横斑纹。

生态习性：小型激流性鱼类。栖息在多岩石的清水河溪急流中，可贴附在岩石背后，以藻类和植物碎屑为食。

资源：个体较小，数量较多，分布范围较广。

濒危等级：无危。

分布：分布于澜沧江中上游干流及下游支流黑惠江、罗梭江和南腊河等，还分布于红河上游水系支流罗扎河等。

46 澜沧江爬鳅 *Balitora lancangjiangensis* **Zheng, 1980**

别名：无。

个体大小：全长73～94mm，体长60～75mm。

分类地位：鲤形目 Cypriniformes、平鳍鳅科 Balitoridae、平鳍鳅亚科 Balitorinae。

主要分类特征：体长，前部近圆筒形，腹面平坦。口下位，上下唇均具发达乳突，上唇乳突2列，前列粗壮，后列较小，颏部具较大乳突4个；吻褶分3叶，吻褶叶间具2对吻须，口角须1对；眼侧上位，眼间距宽；鳃裂较宽，自胸鳍基部前缘伸达头部腹面。侧线平直，侧线鳞66～70；偶鳍平展，基部具锥形肉质瓣；腹鳍起点约位于胸鳍起点至臀鳍起点的中点，末端远离肛门，约伸至距臀鳍起点距离的1/2；尾鳍叉形，下叶长于上叶。

生态习性：小型流水性鱼类。栖息在急流中，常贴附在岩石背后，刮食石面上的附着生物，以藻类和植物碎屑为食。可沿坝基上行。

资源：澜沧江流域特有鱼类，数量较多。

濒危等级：无危。

分布：分布于澜沧江下游干流及支流罗梭江、南腊河等。

(47) 叉尾鲇 *Wallago attu*　Bloch et Schneider, 1801

别名：刀鱼。

个体大小：全长 305 ～ 570mm，体长 270 ～ 510mm。

分类地位：鲇形目 Siluriformes、鲇科 Siluridae。

主要分类特征：体延长，甚侧扁。头后略隆起，背缘较平直。头侧呈楔形，头高大于头宽。吻圆钝。眼小，眼缘游离，位于口裂上方；眼后缘距吻端约等于距鳃盖后缘。前后鼻孔间隔一定距离，与颌须基部构成等腰三角形。口裂大而深，后伸略超过眼后缘垂直线，鳃盖膜游离，在腹面互相重叠，左右鳃盖膜连接点近位于前鼻孔至眼前缘间的中垂线上。背鳍小，最长鳍条伸过臀鳍起点的垂直线，起点距胸鳍起点小于距腹鳍起点。臀鳍甚长，外缘接近平直，臀鳍起点距吻端大于距尾鳍基的1/2。胸鳍略尖，鳍长不达臀鳍起点。腹鳍左右鳍基较近。

生态习性：多栖息主流河道，常群集滩头浅水处追食小鱼，追逐时可见小鱼逃窜时跃出水面的情景。

资源：分布区域狭窄，个体较大，经济价值高，受过度捕捞及环境变化影响，数量减少。人工繁殖成功，已推广养殖。在产地偶见。

濒危等级：易危。受威胁种类，建议就地保护。

分布：分布于澜沧江下游景洪以下江段干流及支流罗梭江、南腊河等。国外分布于泰国、缅甸水域。

48 滨河亮背鲇 *Phalacronotus bleekeri* (Günther, 1945)

别名：刀鱼。

个体大小：全长177 ~ 420mm，体长149 ~ 370mm。

分类地位：鲇形目 Siluriformes、鲇科 Siluridae。

主要分类特征：体延长而纵扁，头后隆起，往后略直。头部向前纵扁。吻圆钝。眼侧位，被皮脂膜覆盖，眼缘不清晰，位于头前半部。前后鼻孔间隔一定距离，与颌须基约呈等腰三角形的三个顶点。口较宽，呈深弧形，下颌长于上颌，口裂超过后鼻孔的垂直线，不达眼前缘。上下颌布满绒毛细齿，犁骨齿带连续。须2对，短而细，颌须至多伸达眼后缘；鳃盖膜游离，在腹面相互重叠，不与鳃峡相连。侧线平直，明显。鳃耙细长，相邻鳃耙相互重叠2/3。全身银白闪亮，各鳍半透明，尾鳍内缘灰黑。

生态习性：与叉尾鲇生活习性相似。

资源：分布区域狭窄，经济价值高，性成熟时间长，繁殖力低，生境脆弱。同时渔民对该鱼捕捞强度大，导致资源破坏难以恢复，无人工养殖。

濒危等级：无危。建议就地保护。

分布：分布于澜沧江下游西双版纳干支流。

㊾ 胡子鲇 *Clarias fuscus* **Lacépède, 1803**

别名：江鳅、挑手鱼。

个体大小：全长104～254mm，体长90～220mm。

分类地位：鲇形目Siluriformes、胡子鲇科Clariidae。

主要分类特征：头纵扁。吻圆钝。眼小，眼缘游离。口下位，横裂。鳃耙长而密。鳃腔具树枝状辅助呼吸器官。背鳍基和臀鳍基均甚长。胸鳍平展，末端钝，远不达腹鳍起点。腹鳍小，前后鳍基靠近，末端伸达臀鳍起点。尾鳍圆形。侧线平直，不甚明显。体色暗褐色或灰黄色，腹部灰白色。

生态习性：适应性较强，栖息于河川、池塘、水草茂盛的沟渠、稻田和沼泽。离水后不易死亡。幼鱼摄食浮游动物，成鱼捕食小鱼、虾和水生无脊椎动物，也食有机物碎屑。雄鱼具守巢护卵的习性。产地常见种，有一定产量，肉嫩、味美且滋补，深受群众喜爱。红河哈尼族彝族自治州有稻田养殖胡子鲇的传统习俗。

资源：个体较小，常见个体在150mm以内，产量不高。

濒危等级：无危。

分布：分布于澜沧江支流南腊河，还分布于怒江、元江、南盘江等水系。国外分布于缅甸伊洛瓦底江水系。

50 丝尾鳠 *Hemibagrus wyckioides* (Chaux et Fang, 1949)

别名：长胡子鱼。

个体大小：全长195～640mm，体长155～510mm。

分类地位：鲇形目Siluriformes、鲿科Bagridae。

主要分类特征：体延长，背缘微隆起。前后鼻孔远离，前鼻孔呈短管状，位近吻端。口大，次下位。鼻须纤细，紧靠后鼻孔之前，后伸可达眼后缘；颌须位于鼻须的外侧，甚长，可伸达臀鳍末端；外侧颌须超过胸鳍基后端，内侧颏须伸及鳃盖膜。背部青色，体侧由茶褐色逐渐转淡，至腹部为浅灰色。背鳍、腹鳍、臀鳍外缘略红，基部灰黑，胸鳍灰黑，尾鳍暗红色。颌须灰黑色。

生态习性：生活于河流水势较缓之处，有溯河习性。

资源：在产区常见，经济价值高。可用鱼钩钓捕。

濒危等级：无危。已列入中国物种红色名录。过度捕捞后种群稀疏，分布区缩小。建议就地保护。

分布：分布于澜沧江下游支流南腊河和罗梭江等。

(51) 鱼工 *Bagarius bagarius* Hamilton, 1822

别名：面瓜鱼。

个体大小：全长193～246mm，体长146～197mm。

分类地位：鲇形目 Siluriformes、鮡科 Sisoridae。

主要分类特征：头与前躯甚粗大，纵扁。头前端呈楔形。鼻孔靠近吻端，后鼻孔呈短管状，与前鼻孔之间具1层瓣膜相隔，膜端即为鼻须，甚短，仅覆盖后鼻孔。齿尖锥形，大小不等，下颌齿较上颌齿稀疏，外列齿较大，呈1行排列。颌须发达，宽扁，后伸达胸鳍基后端。鳃盖膜游离，不与鳃峡相连。背缘自吻端向后逐渐隆起，至背鳍起点处达最高，向后逐渐下弯；背鳍具骨质硬刺，后缘光滑，末端柔软，延长成丝，起点距吻端等于距脂鳍基中点。腹面平直。尾柄滚圆。全身灰黄色，在背鳍基后方、脂鳍基下方及尾鳍基前上方各具1块较大灰黑色鞍状斑，两侧向下延伸超过侧线。偶鳍背面及尾鳍具黑色斑点。

生态习性：喜流水，栖居河道深处，性迟钝，贪食，以小鱼为食。

资源：个体大，经济价值高，较常见，为产地主要食用鱼。可用拖网或沉钩等捕获。

濒危等级：易危。1998年列入中国濒危动物红皮书（鱼类），性成熟时间长，繁殖力低，捕捞强度大，种群资源量日趋减少。建议就地保护。

分布：分布于澜沧江景洪市以下干支流江段。国外分布于印度、缅甸和泰国等地区水域。

㊾ 巨鲱 *Bagarius yarrelli* Sykes, 1841

别名：无。

个体大小：全长165 ~ 326mm，体长120 ~ 280mm。

分类地位：鲇形目 Siluriformes、鮡科 Sisoridae。

主要分类特征：头与前躯甚粗大，纵扁；鼻孔靠近吻端；后鼻孔呈短管状，与前鼻孔之间具1层瓣膜相隔，膜端即为鼻须，甚短，仅覆盖后鼻孔。齿尖锥形，大小不等，齿尖斜向口腔内方。颌须发达，宽扁，后伸可达胸鳍基后端；颏须纤细，外侧颏须达眼后缘垂直下方；内侧颏须稍短。背鳍具1根骨质硬刺，后缘光滑，末端柔软，延长成丝，起点距吻端大于距脂鳍基前端。头部背面及体表布满纵向峰突，胸腹面光滑。全身灰黄色，在背鳍基、脂鳍基及尾鳍前上方各具1块褐黑色横斑。全身及各鳍具黑色小斑点。背鳍、臀鳍和尾鳍各具1条界线不明的斑纹。

生态习性：喜流水，栖居河道深处，性迟钝，贪食，以小鱼为食。一般只做短距离的索食洄游。

资源：澜沧江流域主要经济鱼类，可用拖网或沉钩捕获。但由于捕捞过度，该种渔获物有小型化趋势。

濒危等级：濒危。捕捞过度导致资源数量急剧减少，建议就地保护。

分布：广泛分布于澜沧江中下游干支流。

大斑纹胸鲱 *Glyptothorax macromaculatus* Li, 1984

别名： 石扁鱼、石贴子、老虎鱼、刺古头。

个体大小： 全长67.5～180mm，体长53.5～147mm。

分类地位： 鲇形目Siluriformes、鲱科Sisoridae。

主要分类特征： 体略粗短或稍长，背缘呈拱形，腹缘略滚圆。头部较大，甚平扁，头后躯体近圆筒形，向尾端渐侧扁。眼小，背位，位于头后半部。口下位，口裂较宽，横裂。须4对，鼻须后伸达其基部至眼前缘的2/3处；颌须几达胸鳍基后端；鳃峡宽小于两内侧颌须基部间距。尾鳍长小于头长，深分叉，上下叶等长。偶鳍不分枝鳍条腹面无细纹皮褶。匙骨后突、短钝，被皮肤。第5椎体横突远端不与体侧皮肤连接，髓棘远端尖细。皮肤表面遍布硬质珠星或齿突，疏密不一。侧线完全。胸吸着器发达，呈桃形，后部纹路间断呈片状或点状，中部不具无纹区。

生态习性： 多居于底质多砾石的支流小河。

资源： 澜沧江流域特有种，数量较多，有一定经济价值。

濒危等级： 无危。分布范围较广，但种群数量较少，生境脆弱，易受环境变化影响。应予关注，建议就地保护。

分布： 分布于澜沧江支流罗梭江、黑河、威远江和黑惠江等。

(54) 丽纹胸鮡 *Glyptothorax lampris* **Fowler, 1934**

别名：石扁鱼、石贴子、老虎鱼、刺古头。

个体大小：全长31～152mm，体长24～121mm。

分类地位：鲇形目Siluriformes、鮡科Sisoridae。

主要分类特征：体延长，背缘拱形，腹缘略圆凸。口下位，口裂略小，横裂。须4对，鼻须后伸达其基部至眼前缘的2/3处；颌须达胸鳍基后端。背鳍起点距吻端较距脂鳍前端为近。头部和躯体的皮肤具同样略纵长的暗突，疏密不一。侧线完全，沿侧线有1列整齐的嵴突。胸吸着器纹路清晰完整，中部不具无纹区。浸制标本灰色，腹部灰白色；背鳍下方、脂鳍下方及尾鳍基处各具1条深灰色的横向大斑或宽带。各鳍灰色，基部及中部具深灰色斑块。

生态习性：多居底质砾石的支流小河。

资源：数量较少，经济价值不大。

濒危等级：无危。分布范围较广，但种群数量少，生境脆弱，易受环境变化影响。应予关注，建议就地保护。

分布：分布于澜沧江下游干流及支流罗梭江、南腊河等。国外还分布于泰国。

老挝纹胸鮡 *Glyptothorax laosensis* Fowler, 1934

别名：石扁鱼、石贴子、老虎鱼、刺古头。

个体大小：全长44～133mm，体长34～107.4mm。

分类地位：鲇形目Siluriformes、鮡科Sisoridae。

主要分类特征：体延长，背缘拱形，腹缘略圆凸。口下位，较小，横裂。须4对，鼻须后伸达其基部至眼边缘的1/2处；颌须达胸鳍起点或略后。偶鳍不分枝鳍条腹面无细纹皮褶。匙骨后突明显，部分裸出。第5脊椎横突远端不与体侧皮肤连接。沿背中线隐约可见髓棘膨大远端。皮肤被密集硬质珠星或略纵长的峭突。侧线完全。胸吸着器纹路清晰完整，中部不具无纹区。体基色深黄色或浅黄色，腹面浅黄色，沿背中线及侧线各具1条明亮的纵带。各鳍浅黄色；背鳍、臀鳍、胸鳍、腹鳍基部及中部具灰黑色斑块；尾鳍略带棕色，末端及边缘浅黄色。

生态习性：居于河道及其支流激流地带。

资源：数量较多，常见个体在5g以下，在渔获物中所占比重小，渔民不喜捕捞。

濒危等级：无危。分布范围较广，但种群数量较少，生境脆弱，易受环境变化影响。应予关注，建议就地保护。

分布：分布于澜沧江干流关累港、漫湾等江段以及支流南腊河、南阿河、罗梭江、流沙河、黑河、黑惠江等。国外还分布于泰国湄公河水域。

㊴ 扎那纹胸鳅 *Glyptothorax zainaensis* Wu, He et Chu, 1981

别名：石扁鱼、石贴子、老虎鱼、刺古头。

个体大小：全长71～116mm，体长58.5～97mm。

分类地位：鲇形目Siluriformes、鳅科Sisoridae。

主要分类特征：背鳍刺硬或稍弱，后缘粗糙或具微齿，包被皮肤。背鳍基骨三角形、被皮肤，其前突与上枕骨棘不相触。脂鳍小，基长为其起点至背鳍基后端距离的1/2，后端游离。胸鳍长小于头长，其刺强，后缘具9～13枚细小锯齿。腹鳍起点位于背鳍基后端的后下方，距吻端小于距尾鳍基，鳍条后几达臀鳍起点。尾鳍长等于或略小于头长，深分叉。偶鳍不分枝鳍条腹面无细纹皮褶。侧线完全，沿侧线具1列排列整齐的珠星。背中线可见髓棘膨大远端。胸吸着器纹路清晰完整，中部无明显无纹区。体基色黄色或深褐色，腹部淡黄。背中线黄色，体侧呈略明亮细线，背鳍基两侧各有一明亮小斑，各鳍黄色，背鳍、臀鳍、胸鳍、腹鳍基部及中部各具1块深浅不等的灰色斑块，尾鳍基部深灰，向尾尖渐呈淡黄色。

生态习性：居于激流地带。

资源：中国特有种，产量不高。

濒危等级：无危。分布范围较广，但种群数量较少，生境脆弱，易受环境变化影响。应予关注，建议就地保护。

分布：分布于澜沧江上游干支流，还分布于怒江水系。

德钦纹胸鮡 *Glyptothorax deqinensis* **(Mo et Chu, 1986)**

别名：石扁鱼、石贴子、老虎鱼、刺古头。

个体大小：全长60～113mm，体长48～91mm。

分类地位：鲇形目Siluriformes、鮡科Sisoridae。

主要分类特征：背缘拱形，腹缘平直或略圆凸。头部楔形，头后躯体略侧扁。口下位，口裂较宽阔，横裂。须4对，鼻须后伸达眼中央或偏后；颌须后伸过胸鳍基。匙骨后突短小，大部分被皮肤。第5脊椎横突远端与体侧皮肤连接，但并不突出于体表。皮肤表面具大而排列稀疏的嵴突，头背面嵴突具明显延伸。侧线完全。胸吸着器发达，纹路清晰完整，中部不具无纹区。浸制标本土黄色，腹部灰色带黄，背中线两侧颜色略深。各鳍肉黄色。基部深灰色。背鳍及尾鳍中部隐约具深色斑块。

生态习性：栖息于主河道及其支流的激流地带。

资源：澜沧江特有种。

濒危等级：无危。数量较多，但生境脆弱，易受环境变化影响。应予关注，建议就地保护。

分布：分布于澜沧江上游干流溜通江段及支流阿东河。

58 似黄斑褶鮡 *Pseudecheneis sulcatoides* (Zhou & Chu, 1992)

别名：飞机鱼、胭脂嘴、香条把。

个体大小：体长58～116mm，体重2.6～28.4g。

分类地位：鲇形目 Siluriformes、鮡科 Sisoridae。

主要分类特征：背缘略呈弧形隆起。头部平扁。眼小，背位。口较小，下位，横裂。须4对，除鼻须外其余各须都具密集小乳突。体表具稀疏的小粒突。吸着器具横褶15～18条。背部和体侧棕褐色，腹面肉红色。侧线鲜黄色，近直线形。

生活习性：栖居河流的支流或山溪，伏卧石面。无须游动，借胸鳍与尾鳍相配合跃出水面，上溯流水浅滩。

资源：新记录种，曾分布较广，受中游水域环境变化影响，数量减少。

濒危等级：未评估。分布范围较广，但种群数量较少，生境脆弱，易受环境变化影响。应予关注，建议就地保护。

分布：分布于澜沧江干流维西县白济汛乡、瓦窑镇、云县、温泉乡、普洱市小橄榄坝景区等江段以及支流小黑江、漾濞江、勐海等。

59 扁头鮡 *Pareuchiloglanis kamengensis* Jayaram, 1966

别名：石扁头。

个体大小：全长67～223mm，体长58～198mm。

分类地位：鲇形目Siluriformes、鮡科Sisoridae。

主要分类特征：背缘微隆起，腹面平直。口大，下位，横裂。下唇两侧与颌须基膜之间隔开，呈半游离唇片。鼻须几达眼前缘。腹鳍不达肛门，少数几达肛门。肛门距臀鳍起点较距腹鳍基后端为近。尾鳍平截或微凹。胸部乳突密集，个体越大，乳突越多，分布面越广。侧线平直，不明显。周身灰黑色，腹部乳黄色。背鳍中央、脂鳍起点和末端、尾鳍中央各有一界限不清的黄斑，偶鳍边缘略淡。

生态习性：生活在多砾石的主河道和水流很急的溪流。平时伏居石缝间隙，主食水生昆虫如毛翅目、蜉蝣目及鞘翅目的幼虫，还吃少量植物沉渣。

资源：产量不高，但经济价值较高，为产地食用鱼。

濒危等级：无危。分布范围较广，但种群数量少，生境脆弱，易受环境变化影响。应予关注，建议就地保护。

分布：分布于澜沧江上游干支流，还分布于怒江水系。国外分布于缅甸伊洛瓦底江水系。

60 细尾鮡 *Pareuchiloglanis gracilicaudata* **Wu et Chen, 1979**

别名：石扁头。

个体大小：全长 113 ～ 146mm，体长 98 ～ 128mm。

分类地位：鲇形目 Siluriformes、鮡科 Sisoridae。

主要分类特征：眼小，背位，距吻端大于距鳃孔上角。口大，下位，横裂，闭合时前颌齿带部分显露。鼻须几达眼前缘。背缘自吻端向后逐渐隆起，至背鳍起点为身体最高点。鳃孔小，下角与第 3 或第 4 根胸鳍分枝鳍条相对，约位于胸鳍基中点。胸部无乳突，略粗糙；腹部光滑。下唇两侧与颌须基膜相连，无明沟隔开。侧线平直，不明显。周身灰色，无明显斑块。腹部灰色略淡。尾鳍黑色，中央有一块黄斑。

生态习性：常栖息于水流较急的岸边多石场所。食物主要为环节动物。

资源：澜沧江流域特有种。

濒危等级：濒危，被列入中国濒危动物红皮书（鱼类）。产地矿产发达，水域污染严重，受威胁极易灭绝。建议深入研究，就地保护。

分布：分布于澜沧江上游干流旧州镇江段。

61 短须粒鲇 *Akysis brachybarbatus* Chen, 1981

别名：巴牙灰。

个体大小：全长44～54mm，体长35～45mm。

分类地位：鲇形目Siluriformes、粒鲇科Akysidae。

主要分类特征：头宽，腹面平扁。吻钝圆，其长等于眼间距。眼很小，紧靠后鼻孔之后。口下位，上颌长于下颌，口裂浅弧形。须2对，鼻须长大于头长的一半，末端不达鳃孔；颌须最长，略长于头长，末端超过胸鳍基。鲜活时体基色除具黑斑外，体表覆盖1层淡黄色黏膜。浸制标本吻部为淡棕色，吻部向后至背鳍基后端下方为黑褐色；另具2条同色横带，分别位于脂鳍和臀鳍之间及尾柄的后端。横带间隔区淡棕色。背鳍、脂鳍和胸鳍具线纹和小斑块，尾鳍具1条灰色横带。各鳍后缘淡棕色。

生态习性：喜居于砾石底质的清潭流水中，常在岩石下的水流中或漂浮的植物残渣下面活动觅食。以动物性食物为主。

资源：澜沧江流域特有种，过去在产地较常见，现数量减少。

濒危等级：濒危，被列入中国濒危动物红皮书（鱼类）。栖息区狭小，贪食，易钩钓捕获，随钓捕者增多而容易致危，建议就地保护。

分布：仅分布于澜沧江支流罗梭江、南腊河、南垒河等。

62 贾巴鲇 *Pangasius djambal* **Bleeker, 1846**

别名：无。

个体大小：全长235～520mm，体长200～470mm。

分类地位：鲇形目Siluriformes、鲇科Pangasiidae。

主要分类特征：体较高，腹部圆。头部向前逐渐纵扁，前端楔形。吻端宽圆。眼侧下位，位于头前半部。口下位，横裂，口宽略小于该处头宽。口角位于眼中心水平线，不伸达眼前缘垂直线。上颌较突出，上下颌布满绒毛细齿，形成齿带；上颌齿带连续，呈弧形；下颌齿带中间具裂缝。须2对，颌须位于口角前上侧，后伸超过眼后缘。侧线完全，皮肤光滑。鳍末端尖硬，后缘具明显锯齿。腹鳍起点约位于肛门，臀鳍前端。尾鳍深分叉，下叶稍长。背部暗绿色，腹部乳白色，各鳍褐色。

生态习性：中型肉食性鱼类。栖息于较大的主河道，偶见。

资源：产量不高，但个体较大。

濒危等级：无危。澜沧江少有的长距离洄游种类，个体大，经济价值高。但性成熟时间长，捕捞强度大，资源量日趋减少，种群资源破坏后难恢复，无人工养殖。为受威胁种类，建议深入研究，建立鱼类自然保护区，进行就地保护。

分布：主要分布于澜沧江下游干流及支流罗梭江。国外分布于湄公河流域。

63 中华鲱鲇 *Clupisoma sinensis* (Huang, 1981)

别名：绸子鱼、刀鱼、跳水鱼。

个体大小：全长177～310mm，体长145～260mm。

分类地位：鲇形目Siluriformes、刀鲇科Schilbidae。

主要分类特征：头部自吻端向后上斜，略侧扁。吻钝圆，前鼻孔略圆，位于吻端，鼻孔朝前；后鼻孔位于吻背，鼻孔朝上，横向宽裂，内端间距小于前鼻孔的间距。眼大，侧位，周缘被脂膜，开孔于中央，呈横向椭圆形。距吻端近于距鳃孔上角。口亚下位，口裂深弧形，后伸远不达眼前缘，口裂前端约位于眼中心水平线之上。背缘略平直。脂鳍很小，后缘游离。腹缘弧度较大。腹鳍小，起点位于背鳍基后端垂直下方之后，后伸达到或略超过肛门。肛门紧靠臀鳍起点的前方。尾鳍深分叉，上下叶等长，末端尖。皮肤光滑。侧线完全、平直。头及背部具绿色光泽，体侧及腹部银白闪亮。背鳍、尾鳍边缘浅褐色。

生态习性：生活于水域上层，主食水生昆虫或落入水中的膜翅目昆虫。5月产卵。

资源：中国澜沧江流域特有种，目前数量较多，为主要捕捞对象之一。

濒危等级：无危。曾分布于云县以下江段，上游兰坪镇曾有捕捞记录，受建坝影响分布区域狭窄，且捕捞强度大，非法捕捞导致资源量下降严重，无人工养殖。为受威胁种类，建议建立鱼类自然保护区就地保护。

分布：分布于澜沧江中下游干支流，主要分布于干流思茅港、关累港、漫湾等江段及支流罗梭江。

⑥⑥ 长臂鲱鲇 *Clupisoma longianalis* (Huang, 1981)

别名：绸子鱼、刀鱼。

个体大小：全长132～202mm，体长106～164mm。

分类地位：鲇形目Siluriformes、刀鲇科Schilbidae。

主要分类特征：头部侧扁。吻钝圆。口次下位，口裂深弧形，后伸远不达眼前缘；口裂前端约位于眼中心水平线上。前颌齿带呈新月形，略狭于口宽；犁骨和腭骨齿带连接，呈新月形，中缝狭窄。下颌齿沿下颌前端内缘密生，形成齿带，中缝前缘具1块缺刻。鼻须纤细，基部紧靠后鼻孔的前侧缘，其长大于头长，后伸达胸鳍基后端的垂直上方，个别达背鳍前端。侧线完全，平直。鳔壁厚，肾脏形，中央凹陷，紧贴于前部脊柱腹面。头及背部具蓝色或蓝褐色光泽，体侧及腹部银白闪亮。背鳍、尾鳍边缘浅褐色。

生态习性：居于水上层，主食水生昆虫及落入水中的膜翅目昆虫。

资源：中国澜沧江流域特有种，曾分布于云县以下江段，现分布区域狭窄，数量较少。

濒危等级：未评估。个体较大，为产地主要经济种类，捕捞强度大，非法捕捞导致资源量下降严重，无人工养殖。为受威胁种类，建议建立鱼类自然保护区就地保护。

分布：分布于澜沧江中下游干流关累港、思茅港、漫湾江段及支流威远江。

65 线足鲈 *Trichogaster trichopterus* **Pallas, 1777**

别名：无。

个体大小：全长58～98mm，体长44～75mm。

分类地位：鲈形目Perciformes、丝足鲈科Osphronemidae。

主要分类特征：体近卵圆形，极侧扁。吻短，钝圆。眼较大，侧上位。口上位，下颌突出，口裂小，仅达前鼻孔的垂直下方。无须。第1根鳍条呈丝状延伸，后伸超过臀鳍末端。体色艳丽，基色银白，泛蓝绿闪光，自吻部至尾鳍基具许多蓝色横带、完整或中断，背鳍起点下方的体侧中部和尾鳍基中部各具1块蓝色圆斑。背鳍、臀鳍的鳍条及尾鳍均具许多闪亮斑点。

生态习性：栖居池塘、沟渠静水环境，虽食用价值不高，但是极好的观赏鱼类。

资源：曾为产地常见种类，目前数量在减少。

濒危等级：易危，1998年列入中国濒危动物红皮书（鱼类），极需保护。因人类活动的增加导致生产、生活用水量大增，该鱼栖息地缩小。建议就地保护。

分布：分布于澜沧江西双版纳傣族自治州支流流沙河、南腊河等。

66 宽额鳢 *Channa gachua* Hamilton, 1822

别名：大头鱼、马鬃鱼、挑手鱼。

个体大小：全长239～460mm，体长200～390mm。

分类地位：鲈形目Perciformes、鳢科Channidae。

主要分类特征：腹部圆，头背宽平，吻钝圆。眼较大，眼球鼓出，眼后缘约位于头长前1/3处。口大，端位或次上位，下颌较上颌稍突出。口裂较倾斜。舌前端游离，钝圆。上下唇均厚实；吻褶沟深，后伸绕过口角与唇后沟相通；侧线自鳃孔上角向后延伸至臀鳍起点前上方。体基色黑色或墨绿色，腹部灰黑色。奇鳍边缘暗红色或橙红色，其余部分淡黑色，部分背鳍、尾鳍具灰白色条纹。胸鳍略带黄色，具数条黑色横斑纹，基部具1块黑色斑块。

生态习性：常栖息于水流缓慢的河流及池塘。肉食性，主要摄食小型鱼类。适应性强，长时间离水仍具活性。

资源：生长较慢，个体不大，肉味鲜美，产量高，为产地常见经济鱼类。

濒危等级：无危。分布广泛，但应控制捕捞强度。

分布：分布于澜沧江干流景临桥、漫湾等江段以及支流威远江、勐库河、流沙河、南腊河、南阿河、黑河、小黑江、罗梭江、罗扎河等，还分布于大盈江和瑞丽江干支流。

67 线鳢 *Channa striata* Bloch, 1793

别名：棍子鱼。

个体大小：全长153～321mm，体长126～272mm。

分类地位：鲈形目Perciformes、鳢科Channidae。

主要分类特征：头背宽平，前端楔形。口大，端位或下颌稍突出。口裂倾斜，前端略低于眼中心水平线，后伸过眼后缘垂直下方。背鳍无硬刺，起点位于腹鳍起点的前上方；基部甚长，后端超过臀鳍基后端垂直线。侧线自鳃孔上角向后延伸，至臀鳍起点上方延伸1行鳞，止于尾柄中轴。背部深褐色，向体侧逐渐转淡，腹部乳白色，头侧眼下缘或口角处具1条黑色纵纹，体侧具尖端向前的褐色横斑纹，部分个体不甚显著。背鳍、臀鳍和尾鳍基色灰黑色，泛出浅红色光泽；胸鳍暗红色；腹鳍浅红色。

生态习性：栖息于水草丛生、多淤泥的河流、沟渠或池塘，为肉食性凶猛鱼类，摄食小鱼、蛙类、蛇类和水生昆虫等。

资源：因其肉味鲜美，骨刺少，曾为产地常见经济鱼类。目前产量小，偶见。

濒危等级：无危。捕捞过度导致资源量锐减，个体小型化。无人工养殖。应予关注，建议就地保护。

分布：分布于澜沧江下游干流及支流南腊河，还分布于怒江支流库杏河。

68 大刺鳅 *Mastacembelus armatus* Lacépède, 1800

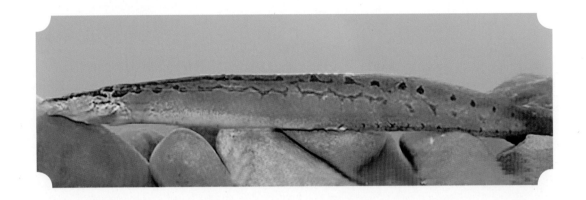

别名：钢鳅、刀鳅、蛇鱼。

个体大小：全长150～388mm，体长141～368mm。

分类地位：鲈形目Perciformes、刺鳅科Mastacembelidae。

主要分类特征：体细长，头尖突，侧扁。吻尖且长，具1块管状柔软吻突。眼小，侧上位。眼下刺尖锐，伸达眼前缘。口下位，上颌显著突出。无腹鳍。吻前部及背面、头背面和鳃峡无鳞，其他周身部分被细小圆鳞。侧线明显且完整。背部褐色，体侧渐淡，腹面呈暗黄色。头背面具一浅黑纵纹，头侧自吻端经眼至鳃盖后上方具1条黑色纵纹。体侧斑纹变异较大，或呈网格，或呈断续的锯纹，或呈断续的斑块，或不明显，只在背部和背鳍基部具15～20块较大黑斑。背鳍、臀鳍和尾鳍基部褐色，胸鳍浅褐色，基部具数块褐色波状横斑纹或斑点。

生态习性：栖息于砾石底质的河段或沿岸水草处。杂食性，主要摄食小型无脊椎动物，也食草上产卵鱼类的卵粒，还摄食少量植物性饵料。产卵期为4—6月。有溯河习性，游动能力很强，甚喜于岩石缝隙中穿行，也喜欢云集坝下。

资源：数量较多，为产地的经济鱼类之一。

濒危等级：无危，但产地捕捞强度较大，以就地保护为主。

分布：分布于澜沧江下游支流南腊河、南阿河、罗梭江等，还分布于怒江、元江、南盘江等水系。国外分布于东南亚、缅甸、印度等地区水域。

⑥⑨ 刺鳅 *Mastacembelus aculeatus* **Bloch, 1786**

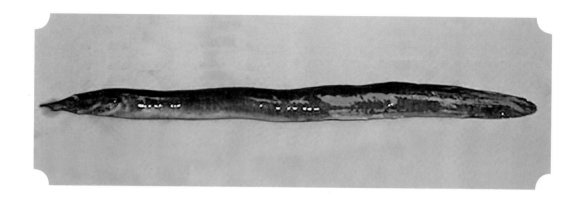

别名：钢鳅、刀鳅、蛇鱼、石锥。

个体大小：体长153～350mm。

分类地位：鲈形目 Perciformes、刺鳅科 Mastacembelidae。

主要分类特征：体细长，前端稍侧扁，肛门以后扁薄。头长而尖。口下位，口裂几成三角形，口角达眼前缘或稍超过。背鳍前方具1排各自独立的硬棘。体鳞细小，侧线不显著。体背黄褐色，腹部淡黄色。头部从眼上向后具2条淡色线条，沿体背纵伸至尾鳍基。体背、腹侧有许多网状花纹，背鳍、臀鳍与尾鳍的基部网纹更为明显，体侧具30余条褐色垂直条斑，部分个体条斑上端颜色较深黑，还有部分个体近腹侧条斑之间杂以短斑。背棘基黑褐色，胸鳍淡黄色或灰黄色，其余各鳍灰色，臀鳍下缘白色。

生态习性：为底栖性鱼类，生活于多水草的浅水区。以水生昆虫及其他小鱼为食，繁殖期大约在7月。

资源：数量较少，产量不大。

濒危等级：无危。中国特有种，在澜沧江数量少。应予关注。

分布：分布于澜沧江支流罗梭江，还分布于全国东部水域。

斑腰单孔鲀 *Pao leiurus* **(Bleeker, 1852)**

别名：气泡鱼。

个体大小：全长66～95mm，体长53～77mm。

分类地位：鲀形目Tetraodontiformes、鲀科Tetraodontidae。

主要分类特征：体近卵圆形，吻钝。无鼻孔，具短而圆的皮质鼻管，顶端开口，末端部分为2叶；眼侧上位，眼球鼓起。口小，端位。上下颌各具2个喙状白色大齿板，中缝显著。具假鳃。鳃耙短小、颗粒状，排列稀疏。背鳍1个，无硬刺，位于体后部。胸鳍扇形。无腹鳍。除吻部、头背面、须部和尾柄外，全体密被细刺。侧线明显。腹膜灰白色。具气囊。背部及体侧褐黄色，向腹部逐渐转为灰白色。各鳍灰黑色，背部及体侧散布许多浅灰色小卵圆斑，肛门上方具1块较大斑，部分个体不显著。部分体侧具不规则网状浅黑纹，甚至延伸至腹面。

生态习性：栖于河流清水处，活动于水体中下层。受惊可迅速充气仰卧水面。

资源：个体小，为产地常见种类。不作食用鱼，可作为观赏鱼。

濒危等级：受关注。我国唯一的纯淡水鲀类，受水温影响分布区域狭窄，环境改变导致目前数量锐减。应予关注，建议就地保护。

分布：仅分布于澜沧江下游支流南腊河。

二、外来鱼类

 **䱗** *Hemiculter leucisculus* Basilewsky, 1855

别名：蓝刀。

个体大小：全长142～227mm，体长117～185mm。

分类地位：鲤形目Cypriniformes、鲤科Cyprinidae、鲌亚科Culterinae。

主要分类特征：体长而略侧扁，背缘较平直，腹部呈弧形，头尖，侧扁。口端位，口裂斜，背鳍无硬刺，末端不分枝鳍条柔软，仅基部较硬。尾鳍深分叉，叶端尖，下叶略长于上叶。鳞片中等大，在腹鳍基部具1片腋鳞。侧线完全，在胸鳍上方急剧向下弯折。鳔2室，后室长于前室。末端尖形，腹膜灰黑色。

生态习性：在流水或静水中生长繁殖，常栖息于水体沿岸的上层。繁殖期5—6月，在浅水的缓流处或在静水中进行，卵黏性，附着在水草或石头上。

资源：数量多，为当地经济鱼类之一。

濒危等级：无危。

分布：广泛分布于澜沧江中下游水库库区、支流及附属湖泊洱海。

② 麦瑞加拉鲮 *Cirrhina mrigala* **Hamilton, 1822**

别名：麦鲮、印度鲮。

个体大小：最大体长可达990mm。

分类地位：鲤形目Cypriniformes、鲤科Cyprinidae、野鲮亚科Labeoninae。

主要分类特征：体呈梭形，略侧扁。头部较小。口下位，口裂呈弧状。吻圆钝，上下唇边缘薄。须2对。鳞片中等大小。体上部青灰色，腹部银白色，胸鳍、臀鳍和尾鳍的末端均呈赤红色。

生态习性：亚热带底栖鱼类，现常作养殖鳜鱼的阶段性饵料鱼被长江流域的养殖单位引进和养殖。杂食性，主要以植物性饲料和部分浮游动物为食，喜食人工饲料中菜粕类和未完全消化的畜禽排泄物。

资源：澜沧江人工增殖放流种类。原产印度，生长快，个体较大，易养殖。20世纪80年代由中国水产科学研究院珠江水产研究所引进，90年代在广东地区大力推广养殖。目前，湖北、湖南、江西等地区也开始大面积养殖。麦瑞加拉鲮在分类上与我国华南地区传统养殖的鲮同为鲮属，是印度四大养殖鱼类之一。经引进我国试养，证实具有食性广、生长快、个体大、适应性强、容易养殖等优点。

濒危等级：无危。

分布：分布于澜沧江下游支流罗梭江，还主要分布于珠江流域及海南省水域。

③ **棒花鱼** *Abbottina rivularis* **Basilewsky, 1855**

别名：无。

个体大小：全长105～123mm，体长83～100mm。

分类地位：鲤形目Cypriniformes、鲤科Cyprinidae、鮈亚科Gobioninae。

主要分类特征：体粗壮。鼻孔前方下陷。唇厚，上唇的皱褶不显著，下唇侧叶光滑。侧线鳞35～39。繁殖时期雄鱼胸鳍及头部均具珠星，各鳍延伸。背鳍无硬刺，位于背部最高处。背部暗棕黄色，体侧棕黄色，吻及眼后各具1条纵纹。体侧上部每1片鳞片后缘具1块黑色斑点，各鳍为淡黄色。背鳍和尾鳍上具许多小黑点。

生态习性：小型鱼类，生活在静水或流水的底层，主食无脊椎动物。1龄鱼性成熟，4—5月繁殖，在砂底掘坑为巢并产卵其中，雄鱼有筑巢和护巢的习性。

资源：数量较多，在产地为常见杂鱼。

濒危等级：无危。

分布：广泛分布于澜沧江水系，还分布于南盘江和金沙江等水系。

④ 麦穗鱼 *Pseudorasbora parva* **Temminck et Schlegel, 1842**

别名：罗汉鱼、麻嫩子。

个体大小：全长59～106mm，体长48～88mm。

分类地位：鲤形目Cypriniformes、鲤科Cyprinidae、鮈亚科Gobioninae。

主要分类特征：体长，略侧扁，背缘和腹缘呈弧形。头小，吻短，鼻孔离眼很近。头尖，略平扁。口上位。吻部、颊部具珠星。无须。眼侧上位。背鳍无硬刺鳞大，腹鳍基具1片发达腋鳞，侧线完全，稍平直。肛门紧靠臀鳍起点。雄鱼个体大，雌鱼个体小，差异明显。繁殖时期雄鱼体色深黑色。

生态习性：江河、湖泊、池塘等水体中常见的小型鱼类，生活在浅水区，杂食，主食浮游动物。产卵期4—6月，卵椭圆形，具黏性，可成串地黏附于石片、蚌壳等物体上，孵化期雄鱼有守护的习性。

资源：数量多，在产地为常见杂鱼之一。

濒危等级：无危。

分布：分布于全国各大水系，澜沧江已广泛分布，原产南盘江、金沙江水系。

⑤ 中华鳑鲏 *Rhodeus sinensis* Günther, 1868

别名：糠片。

个体大小：全长50～58mm，体长39～46mm。

分类地位：鲤形目Cypriniformes、鲤科Cyprinidae、鳑鲏亚科Rhodeinae。

主要分类特征：体侧扁，头小。口角无须。下咽齿1行，齿面平滑。鳃耙短小，排列较紧密。侧线不完全，仅在前端具鳞3～7，鳞大，具侧线孔。肛门位于腹鳍至臀鳍基中点。背鳍最后一根不分枝鳍条基部较硬，仅末端柔软。背鳍长。鳔2室，后室远大于前室。腹膜黑色。繁殖季节雄鱼色彩异常鲜艳，吻部及眼眶周缘具珠星。雌鱼具长的产卵管。

生态习性：喜栖息于水体的中下层，食藻类。繁殖期为5月，卵产于河蚌的鳃瓣中。

资源：数量较多，在产地为常见杂鱼之一。

濒危等级：无危。

分布：分布于澜沧江下游支流罗梭江，原产于金沙江、南盘江水系。

⑥ 鲤 *Cyprinus carpio* **Linnaeus, 1758**

别名：鲤拐子、鲤子。

个体大小：体长22～998mm。

分类地位：鲤形目Cypriniformes、鲤科Cyprinidae、鲤亚科Cyprininae。

主要分类特征：鱼体呈梭形，略扁。口端位，马蹄形，触须2对，颌须约吻须2倍长。背鳍根部长，没有脂鳍，口边有须，部分无须。口腔深处具咽喉齿，鳞片较大。背部灰黑色，腹部浅白色或淡灰色，侧线下方及近尾柄处金黄色（体色也依品种而异，有金黄色、橘红色、粉红色等）。

生态习性：底栖杂食性鱼类，荤素兼食。饵谱广泛，吻骨发达，常拱泥摄食。低等变温动物，体温随水温的变化而变化，无须靠消耗能量以维持恒定体温，故需摄食总量不大。无胃鱼种，肠道细短，新陈代谢速度快，故食性为少食多餐。

资源：澜沧江人工增殖放流种类，数量多，为产地常见经济鱼类。

濒危等级：无危。

分布：分布于澜沧江中下游干支流。

大鳞副泥鳅 *Paramisgurnus dabryanus* Sauvage, 1872

别名：泥鳅。

个体大小：体长最长可达154mm。

分类地位：鲤形目Cypriniformes、鳅科Cobitidae、花鳅亚科Cobitinae。

主要分类特征：体长而侧扁，腹部圆。尾柄上下缘的皮褶棱甚发达。口下位，唇发达，皱褶多。须5对，较长，最长1对口角须末端可达前鳃盖骨后缘。鳞片较大，略厚，埋于皮下。侧线不完全，后端不超过胸鳍末端上方。无眼下刺，前鼻孔呈短管状。背鳍无硬刺，起点至吻端较至尾鳍基的距离为远。胸鳍末端不达腹鳍，腹鳍起点位于背鳍起点稍后。尾鳍圆形。体基色灰褐色，体背部及两侧上半部灰褐色，下半部及腹部浅黄色。体侧具不规则的斑点，体后较体前斑点为多。背鳍及尾鳍具许多小黑斑。

生态习性：栖息于泥底缓流河段中，以藻类和植物碎屑为食，对流水有一定的适应能力，为较大型流水性鱼类。

资源：个体较大，数量较多。

濒危等级：无危。

分布：分布于澜沧江支流罗扎江、黑惠江及附属湖泊等。

⑧ 豹纹翼甲鲶 *Pterygoplichthys pardalis* (Castelnau, 1855)

别名：垃圾鱼、吸盘鱼、琵琶鱼、清道夫。

个体大小：体长最长可达500mm。

分类地位：鲶形目Siluriformes、甲鲶科Loricariidae。

主要分类特征：体大，呈半圆筒形。头部扁平。口下位，口唇发达如吸盘。背鳍宽大，腹部扁平，左右腹鳍相连形成圆扇形吸盘。腹面观似小琵琶，故又称琵琶鱼。尾部侧扁，呈浅叉形。周身被盾鳞。体表粗糙。体基色灰黑色或淡褐色，体表具黑白色花纹。体上布满黑色斑点。

生态习性：常吸附在水族箱壁或水草上，舔食青苔，为水族箱里最好的"清道夫"。同类之间时有争斗。

资源：原产于拉丁美洲，在澜沧江数量不多。

濒危等级：无危。

分布：分布于澜沧江下游干支流，还分布于国内其他水域。

⑨ 波氏吻鰕虎鱼 *Rhinogobius cliffordpopei* (Nichols, 1925)

别名：小花鱼。

个体大小：全长 43～53.5mm，体长 35～43mm。

分类地位：鲈形目 Perciformes、鰕虎鱼科 Gobiidae。

主要分类特征：体前部近圆筒形，向后渐侧扁。头较大，头长大于体高。眼背侧位，略鼓出，位于头的前半部。口端位，上下颌等长或下颌稍突出。背鳍2根、分离，一般间隔2片鳞片。腹鳍连接呈圆盘状，末端至臀鳍起点的距离约等于腹鳍长。肛门紧靠臀鳍起点。尾鳍圆形。鳞中等大，体侧被弱栉鳞，腹侧被圆鳞。头部、胸部及肛门之前的腹部无鳞。背鳍前一般无鳞，但雌鱼的背鳍前常具2～4片小圆鳞。鳃耙短小。体基色灰绿色或灰黑色，腹部灰白色，颊部及鳃盖无斑点或斜纹。体侧具6～7条黑绿色横带。一般第1背鳍第1、第2鳍棘间具1块墨绿色斑点。第2背鳍和尾鳍具数条淡黑色小点构成的条纹，其余各鳍灰黑色。腹膜白色，具细小褐色斑点。

生态习性：栖息于湖岸、河流的砂砾浅滩区，伏卧水底，间歇性缓游。杂食性。

资源：1971年捕捞量超过100万kg。在洱海已繁衍成庞大群体。因其与部分土著鱼种争夺食料和产卵场，吞食土著鱼卵，直接危害土著鱼种的生存。常见与其他小杂鱼混合上市，但在洱海地区鲜食者少，多晒成鱼干出售。

濒危等级：无危。

分布：分布于澜沧江干流漫湾江段和支流南腊河、罗梭江、黑惠江等及附属湖泊洱海等。

⑩ 尼罗罗非鱼 *Oreochromis niloticus* (Linnaeus, 1758)

别名： 非洲鲫鱼、罗非、越南鱼。

个体大小： 全长112～205mm，体长91～153mm。

分类地位： 鲈形目Perciformes、丽鱼科Cichlidae。

主要分类特征： 体侧扁，一般为长椭圆形，外观似海水鱼黑鲷或淡水鱼鲫。口前位。下颌具圆锥状齿，被栉鳞。侧线2条，上侧线后伸达背鳍基后部，下侧线沿鱼体中轴自体中部伸达尾鳍基部。背鳍基部甚长，具14～17根鳍棘、10～13根鳍条，背鳍起点在胸鳍基部上方。臀鳍具3根硬鳍棘、10～11根软鳍条。尾鳍圆形或截形。无鳔管。体侧及背鳍、尾鳍常具横带或垂直条纹。

生态习性： 中小型鱼类。外形大小类似鲫，鳍棘带刺。广盐性鱼类，海水、淡水中皆可生存。耐低氧，一般栖息于水体下层，但会随水温变化或鱼体大小改变栖息水层。杂食性，食性广，摄食量大，以食浮游生物、底栖藻类为主，部分食水生高等植物，生长迅速，尤以幼鱼期生长更快，与温度有密切关系，生长温度在16～38℃范围内。

资源： 现已成为产区常见鱼类，产量较大。

濒危等级： 无危。

分布： 分布于澜沧江下游干流及支流南腊河、南阿河、罗梭江、流沙河、威远江、小黑江、黑惠江等。

⑪ **条纹鲮脂鲤** *Prochilodus lineatus* (Valenciennes, 1837)

别名：巴西鲷、南美鲱。

个体大小：体长可达800mm。

分类地位：脂鲤目Characiformes、无齿脂鲤科Curimatidae、原唇齿鱼亚科Prochilodontinae。

主要分类特征：身体侧扁，侧观似鳊，呈纺锤形。背厚。口端位，吻尖。尾叉形，上下叶等长。背鳍后具1个小脂鳍，腹鳍至臀鳍具腹棱。因黏液分泌少，故鳞片大且粗糙，似海水鱼。体基色靓丽银白色。背鳍具斑点。胸鳍、腹鳍橙黄色，臀鳍末端红色。

生态习性：适温范围广，生长温度为9～39℃。杂食性，喜食植物，对天然饵料利用率高。在人工养殖条件下不会自然繁殖。

资源：原产于巴西南部的巴拉那河水系，是巴西国内的主要淡水经济鱼类，1996年由浙江省淡水水产研究所首次引进我国，并于1998年6月人工繁殖成功，获得少批量苗种。1998年广西水产科学研究所引进苗种，经2年池塘养殖及亲鱼培育，于2000年人工繁殖成功。

濒危等级：无危。

分布：分布于澜沧江下游支流罗梭江。国外主要分布于南美洲的巴西、巴拉圭、阿根廷等地区的湖泊、河湾、水库等水域。